아들이 군대를 갑니다

★★★★★ 부모가 알아야 할 7가지 ★★★★★

아들이 군대를 갑니다

박경수 변호사 지음

좋은땅

목 차

프롤로그 - 7

제1장 입대 전 준비하기

1. 입대 전 필요한 서류와 준비물 - 12
2. 입대 전 건강검진과 체력관리 - 18
3. 군대 용어 기초 이해하기 - 21
4. 2025년 군별 복무기간, 월급 총정리 - 26

제2장 훈련소 시기(약 5주)

1. 훈련소 생활의 이해 - 30
2. 인터넷 편지 쓰는 방법과 주의사항 - 40
3. 훈련소 시기 불안감 다루기 - 46
4. 수료행사 및 면회 - 51

제3장 자대 배치 후 적응기

1. 자대 배치의 이해와 부대 종류별 특성 - 56
2. 새로운 환경 적응을 돕는 대화법 - 60
3. 휴대전화 사용 규정 이해하기 - 65
4. 부대별 면회 규정과 준비물 - 74

제4장 휴가 제도
1. 휴가의 종류	- 80
2. 휴가 주의사항	- 84

제5장 군 의료제도
1. 군 의료현황	- 88
2. 현역병의 의료권 보장	- 93
3. 무상의료 원칙	- 95
4. 군 기본 의료체계	- 97
5. 군 주요 의료 서비스	- 100
6. 일반적 군 진료 절차	- 103
7. 응급 시 군 진료 절차	- 107
8. 군 병원 퇴원 절차(국방환자관리훈령 제3장)	- 110
9. 민간병원 이용	- 114
10. 현역병에 대한 의무조사(의병전역)	- 123

제6장 현역부적합 심사제도

1. 현역부적합심사의 뜻 - 130
2. 현역부적합심사 대상 - 131
3. 구비서류 - 132
4. 현역부적합심사 절차 - 134
5. 현역부적합자조사위원회와 전역심사위원회 - 137
6. 현역복무부적합 사유별 역종부여 기준 - 140
7. 보충역으로 처분된 인원에 대한 행정조치 - 144
8. 전시근로역으로 처분된 인원에 대한 행정조치 - 146

제7장 권리구제 제도

1. 의견 건의제도(군인복무기본법 제39조) - 148
2. 고충처리제도(군인복무기본법 제40조) - 150
3. 전문상담관 제도(군인복무기본법 제41조) - 154
4. 군인권보호관 제도(군인복무기본법 제42조) - 156
5. 비실명 대리신고 제도(부패방지법, 공익신고보호법, 청탁금지법) - 159

부록: 군 관련 유용한 앱과 웹사이트 소개 - 162

★ 프롤로그 ★

당신의 아들이 안전하고 건강한 군 생활을 하기를 바라며

안녕하세요.
전 국방부 법무관리관, 국가보훈부 보훈심사위원장을 지낸 박경수 변호사입니다.

30여 년간 군 법무 분야에서 일하면서, 저는 수많은 장병들과 그 부모님들을 만났습니다. 그들의 이야기를 듣고, 고민을 함께 나누며, 해결책을 찾아 가는 과정에서 한 가지 깊은 깨달음을 얻었습니다. 바로 '정확한 정보'와 '올바른 대처 방법'을 아는 것이 얼마나 중요한지를 말입니다.

특히 부모님들의 걱정 어린 목소리를 들을 때마다, 제가 가진 정보와 경험이 도움이 될 수 있겠다는 생각을 하게 되었습니다. 그래서 이 책을 쓰기로 마음먹었습니다.

"우리 아들이 아프다는데… 군병원은 괜찮을까요?"

많은 부모님들이 가장 먼저 걱정하시는 것이 바로 군 의료 문제입니다. 실제로 대부분의 장병들이 복무 중에 크고 작은 부상이나 질병으로 군 의료기관을 찾게 됩니다.

하지만 막상 아들이 군병원에 입원했다는 연락을 받으면, 많은 부모님들이 어찌할 바를 모르고 불안해하십니다. 어디에 전화해야 하는지, 면회는 언제 가능한지, 민간병원 진료는 어떻게 받을 수 있는지 등 수많은 궁금증이 생기기 마련이죠.

이 책에서는 군 의료시스템의 A부터 Z까지, 그리고 혹시 있을 수 있는 의병전역이나 현역부적합 심사 절차까지 상세히 설명해 드립니다.

"군에 간 우리 아들이 힘들다고 하는데… 어떻게 도와줄 수 있을까요?"

병영 생활 중에는 여러 가지 어려움이 있을 수 있습니다. 선임병이나 간부와의 관계가 힘들 수도 있고, 때로는 부당한 대우를 받을 수도 있습니다.

많은 부모님들이 이런 상황에서 "참고 견디라"는 말씀 외에는 달리 방법이 없다고 생각하십니다. 하지만 실제로는 다양한 도움을 받을 수 있는 제도들이 있습니다.

예를 들어, 비실명 대리신고제도를 통해 변호사의 도움을 받을 수 있고, 공익신고제도나 군인복무기본법상의 고충처리제도를 활용할 수도 있습니다. 이 책에서는 이러한 제도들을 어떻게 현명하게 활용할 수 있는지 상세히 알려 드립니다.

"아들이 군기교육대에 간다고 하는데… 이게 무슨 일이죠?"

군대에서는 민간과는 다른 특별한 법과 규정들이 적용됩니다. 때로는 징계를 받거나, 군사재판에 회부되는 경우도 있을 수 있습니다.

이런 상황이 발생했을 때, 당황하지 않고 적절히 대처하는 것이 중요합니다. 이 책에서는 군법과 징계에 관한 실질적인 대처 방법을 자세히 설명해 드립니다.

이 책이 드리고 싶은 약속

저는 이 책을 통해 세 가지를 약속드리고 싶습니다.

첫째, 군대에서 벌어질 수 있는 상황들에 대해 자세히 말씀드리겠습니다.

둘째, 실제로 도움이 되는 해결 방법을 구체적으로 알려 드리겠습니다.

셋째, 부모님들의 마음을 헤아리며, 이해하기 쉽게 설명드리겠습니다.

부디 이 책이 우리 아들들의 건강하고 안전한 군 생활, 그리고 부모님들의 마음의 평안에 작은 도움이 되기를 바랍니다.

제1장

입대 전 준비하기

입대 전 필요한 서류와 준비물

가. 아들의 입대를 준비하며: 꼭 챙겨야 할 서류와 준비물

안녕하세요, 곧 입대를 앞둔 아들을 두신 부모님들께 도움을 드리고자 합니다. 많은 부모님들이 "혹시 빠뜨린 것은 없을까?" 하고 걱정하시는데, 이 안내를 따라오시면 됩니다.

(1) 필수 지참 서류

입대 전날, 서류들을 한 번 더 확인해 주세요. 이 서류들은 입대 후 다양한 행정처리에 꼭 필요합니다.

(가) 기본 신분증명 서류

- 신분증(주민등록증 또는 운전면허증)

훈련소에서 신분 확인 시 반드시 필요합니다. 운전면허증을 가져갈 경우 주민등록증도 함께 챙기는 것이 좋습니다.

- 현역병 입영통지서

입영 시간과 장소가 기재되어 있으니 반드시 확인하세요. 통지서 하단의 준비물 안내도 꼭 읽어보세요.

(나) 건강 관련 서류

건강 관련 서류는 여러모로 매우 중요합니다. 왜냐하면 입대 후 발생할 수 있는 건강 문제에 대비하기 위해서입니다. 복무 중 부상·질병을 입었을 경우 나중에 재해보상, 보훈보상이 가능한데, 입대 전에 건강한 몸이었음을 입증하는 것이 제일 중요하답니다. 건강 관련 서류가 이러한 사실을 입증하는 데 요긴하게 쓰여요. 기존 질병이 있었더라도 완치되었거나, 현역병 복무에 아무런 문제가 없었음을 건강 관련 서류로 입증할 수도 있습니다.

- 최근 3개월 이내의 건강검진 결과서

기존 질병이 있다면 반드시 첨부해 주세요. 의사 소견서가 있다면 함께 준비하면 좋습니다.

- 복용 중인 약이 있다면

처방전과 함께 약물 복용 설명서를 준비해 주세요. 부대 의무실에서 약물 관리를 도와줄 것입니다.

(2) 개인 준비물

준비물은 단정하고 검소하게 준비하는 것이 좋습니다. 너무 많은 물건은 오히려 부담이 될 수 있습니다.

(가) 안경

안경 착용자는 여벌의 안경을 준비하는 것도 좋습니다. 훈련 중 손상될 경우 훈련소에서 당장 대처할 방법이 마땅치 않기 때문입니다. 벗겨짐 방지 고무줄이 있으면 더욱 좋습니다.

(나) 나라사랑카드(발급받은 사람만 해당)

'나라사랑카드'란 병역판정 검사 시 발급받아 병역판정 검사 후부터 현역 및 보충역 근무, 예비군 임무를 수행할 때까지 각종 여비 및 급여를 온라인으로 지급하기 위한 전자통장인 동시에 병역증 및 전역증 기능을 수행하는 다기능 스마트 카드입니다. 발급받은 사람은 나라사랑카드를 지참하세요. 미리 소액을 입금하여 입영할 것을 추천드립니다.

(다) 개인 소지품

편지지, 편지봉투, 필기구, 우표, 샤워용품, 선크림, 스킨/로션, 무릎보호대, 군화 깔창, 수면 귀마개 등. 기타 군 생활에 필요한 물품(세면도구, 바느질세트, 수첩, 전투화깔창, 상비약 등)은 입영 부대에서 지급합니다.

(라) 휴대폰 및 충전기

2023년 7월부터 훈련병이 신병교육기간에도 주말·공휴일에 제한적으로 휴대폰을 사용할 수 있으므로 휴대폰 및 충전기를 지참하면 됩니다.

(3) 기타 챙겨야 할 것들

(가) 정신적 준비

긍정적인 마음가짐이 가장 중요합니다. 새로운 환경에 적응하는 것을 두려워하지 마세요. 훈련은 누구나 이겨 낼 수 있습니다.

(나) 가족과의 시간

입대 전 가족과 충분한 대화를 나누세요. 걱정되는 점들을 미리 상담하세요. 가족사진 2-3장은 꼭 가져가세요.

(다) 두발, 복장

머리는 3cm 스포츠형, 복장은 간소복으로 입영하세요.

(라) 휴학 등

재학생은 입영하기 전 휴학(일반휴학 → 군 입영휴학) 조치를 하고, 한국장학재단 학자금 대출이자는 자동면제되나 군 복무기간 원금 납부는 면제되지 않으니 사전 조치를 해야 합니다.

(4) 당부의 말씀

사랑하는 아들의 입대를 준비하며 걱정이 많으시겠지만, 이제는 많이 달라진 군대입니다. 필요한 것들은 면회 때 얼마든지 가져다주실 수 있으니, 처음부터 너무 많은 물건을 준비하지 마세요.

가장 중요한 것은 건강한 마음가짐입니다. 아들이 새로운 환경에서 건강하게 적응하고 성장할 수 있도록, 부모님들도 긍정적인 마음으로 지지해 주시기 바랍니다.

이 준비물 리스트는 기본적인 것들이며, 입영통지서에 명시된 준비물도 반드시 확인해 주세요. 궁금한 점이 있으시다면 병무청이나 각 군 모집병 지원센터에 문의하시면 친절히 답변해 드립니다.

입대 전 건강검진과 체력관리

건강검진과 체력관리는 군 생활의 기초가 되는 매우 중요한 부분입니다. 차근차근 설명해 드리겠습니다.

가. 건강검진

먼저 입대 전 건강검진은 주소지 인근 병원에서 실시하면 됩니다. 이는 단순한 검진이 아니라 앞으로의 군 생활을 건강하게 해낼 수 있는지를 종합적으로 평가하는 중요한 과정입니다. 의사선생님들이 여러분의 전반적인 건강 상태를 꼼꼼히 체크하시는데, 특히 심장, 폐, 관절 등 군 생활에서 중요한 부위들을 중점적으로 체크하세요. 군 복무 중 부상/질병을 입었을 경우 재해보상이나 보훈절차상 매우 중요한 증거자료가 됩니다.

나. 체력관리

체력관리는 입대 전부터 꾸준히 준비하시는 것이 좋습니다. 갑자기 훈련을 시작하면 부상의 위험이 있기 때문에, 최소 2-3개월 전부터 차근차근 준비하시는 것을 추천드립니다. 기초체력을 기르는 것부터 시작하여 점차 강도를 높여 가는 것이 현명합니다.

다. 달리기

달리기는 군대에서 가장 기본이 되는 체력요소입니다. 처음에는 가볍게 10분 정도부터 시작해서 점차 시간을 늘려 가세요. 숨이 너무 차서 대화가 전혀 안 될 정도로 뛰지 마시고, 옆 사람과 이야기할 수 있을 정도의 속도로 꾸준히 뛰는 것이 좋습니다. 이렇게 기초 체력이 쌓이면 자연스럽게 속도와 거리를 늘릴 수 있습니다.

라. 근력운동

근력 운동도 중요한데, 특히 팔굽혀펴기와 윗몸일으키기는 군대에서 기본적으로 요구되는 운동입니다. 처음부터 무리하게 많은 횟수를 하려고 하지 마시고, 정확한 자세로 할 수 있는 만큼만 하시다가 점차 횟수를 늘려 가세요. 잘못된 자세로 하면 오히려 부상의 위험이 있습니다.

마. 영양관리

운동만큼 중요한 것이 바로 영양관리입니다. 단백질이 풍부한 식사를 하시고, 과도한 탄수화물은 피하세요. 특히 운동 후에는 단백질 섭취가 중요한데, 닭가슴살, 계란, 생선 등을 충분히 섭취하시면 좋습니다. 또한 하루 2리터 정도의 물을 마시는 것을 목표로 하시면 좋습니다.

바. 생활관리

마지막으로 생활관리도 잊지 마세요. 규칙적인 생활습관을 들이는 것이 매우 중요합니다. 일정한 시간에 자고 일어나는 습관을 들이고, 과도한 음주나 흡연은 피하세요. 이러한 생활습관은 입대 후의 적응을 훨씬 수월하게 만들어 줄 것입니다.

이런 준비 과정이 처음에는 힘들 수 있지만, 입대 후에 큰 도움이 될 것입니다.

군대 용어 기초 이해하기

가. 기본 호칭

선임병을 부를 때는 "상병님/병장님", 동기나 후임을 부를 때는 "일병님/이병님", 부사관이나 장교를 통칭할 때 "간부님"이라고 부릅니다.

나. 시간 관련 용어

- 석식: 저녁 식사
- 취침: 취침 시간
- 기상: 아침에 일어나는 시간
- 점호: 인원 확인하는 시간

다. 장소 관련 용어

- 생활관: 병사들이 생활하는 숙소
- 식당: 군대식당을 '취사장'이라고도 함
- 연병장: 훈련이나 집합하는 넓은 공간
- PX: 군대 내 매점

라. 자주 쓰는 행동 용어

- 차렷: 기본 자세를 취하라는 뜻
- 열중쉬어: 편한 자세를 취하라는 뜻
- 복귀: 원래 위치로 돌아가는 것
- 이동: 다른 장소로 가는 것

마. 주요 보고 용어

- 보고합니다: 상급자에게 보고할 때
- 이상입니다: 보고를 마칠 때
- 알겠습니다: 지시를 받았을 때
- 예/네: 긍정의 대답

바. 일과 관련 용어

- 내무시간: 개인정비 시간
- 교육: 군사 교육이나 훈련
- 근무: 보초나 당직 등의 업무
- 검열: 상급부대의 점검

사. 계급

(1) 군인사법상 병의 계급은 이등병, 일등병, 상등병, 병장으로 구분됩니다(군인사법 제3조 제4항).

- 이등병(이병): 군 입영 시 부여되는 계급
- 일등병(일병): 이등병으로 복무한 지 2개월 지나면 부여되는 계급
- 상등병(상병): 일등병으로 복무한 지 6개월 지나면 부여되는 계급
- 병장: 상등병으로 복무한 지 6개월 지나면 부여되는 계급

(2) 군인사법상 부사관의 계급은 하사, 중사, 상사, 원사로 구분됩니다(군인사법 제3조 제3항).

- 하사, 중사, 상사, 원사

(3) 군인사법상 장교의 계급은 장성의 경우 준장, 소장, 중장, 대장, 원수로 나뉘고, 영관의 경우 소령, 중령, 대령으로 나뉘며, 위관의 경우 소위, 중위, 대위로 구분됩니다(군인사법 제3조 제1항).

- 소위, 중위, 대위
- 소령, 중령, 대령
- 준장, 소장, 중장, 대장, 원수

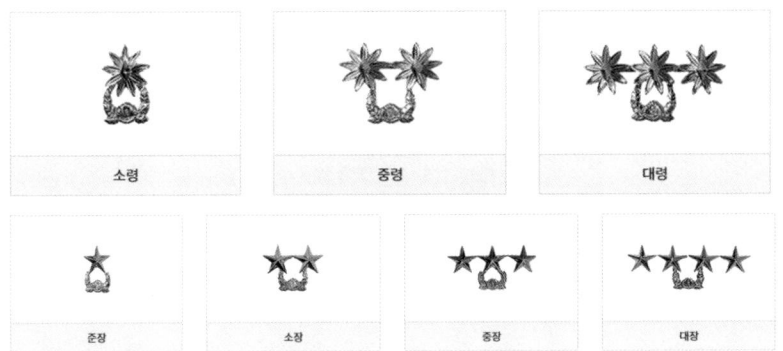

　이러한 용어들은 군대생활의 기본이 되며, 원활한 의사소통을 위해 꼭 알아야 합니다.

2025년 군별 복무기간, 월급 총정리

가. 군별 복무기간

육군	18개월(1년 6개월)
해군	20개월(1년 8개월)
해병대	18개월(1년 6개월)
공군	21개월(1년 9개월)

나. 계급별 복무기간(육군 기준)

- 이등병: 2개월
- 일등병: 6개월
- 상등병: 6개월
- 병장: 4개월

다. 2025년도 병사 월급

계급	월급	내일지원금	합산
이병	750,000원	550,000원	1,300,000원
일병	900,000원	550,000원	1,450,000원
상병	1,200,000원	550,000원	1,750,000원
병장	1,500,000원	550,000원	2,050,000원

제2장

훈련소 시기 (약 5주)

훈련소 생활의 이해

훈련소 생활에 대해 상세히 설명해 드리겠습니다.

가. 일과 시간표(기본)

- 06:00 기상
- 06:30 아침점호/체조
- 07:00 아침식사
- 08:00~12:00 오전 교육/훈련
- 12:00 점심식사
- 13:00~17:00 오후 교육/훈련
- 17:30 저녁식사
- 19:00~21:00 내무시간
- 22:00 취침

나. 주요 교육/훈련 내용

(1) 동화교육

입영행사	민간인에서 군인으로 전환되는 최초의 행사로 정든 부모형제, 애인의 곁을 떠나 진정한 대한민국의 군인이 되겠다는 다짐을 하는 행사입니다.	
개인물품 지급	3D 자동 신체치수 측정 장비를 이용하여 개인별 신체치수를 확인하고, 전투복·전투화·속옷·체육복 등 개인 피복류를 지급하며, 치약·칫솔·휴지 등 군 생활에 필요한 품목을 지급합니다.	
신체검사	체중·신장 등 기본적인 검사 외에 개인별 질환, 특이체질에 대한 정밀검사를 실시합니다.	
특기적성 검사	개인별 보유 특기에 대한 검사로, 장차 특기병으로서의 임무수행이 가능한지 여부를 확인합니다.	

(2) 군인 기본자세 확립

총기 수여식	군인에게 가장 소중한 개인화기를 지급받는 시간으로, 개인화기를 자신의 몸과 같이 아끼고 관리하겠다는 시간입니다.	

입소식	훈련병으로서 장차 5주간의 훈련을 성공적으로 마치고 빛나는 이등병 계급장을 달기 위한 입소 행사입니다.	
정신전력 교육	군인정신·국가관·안보관 등 군인으로서 갖춰야 할 기본적인 정신 자세를 배우는 시간으로서, '내가 왜 여기에 있는가?'를 인식하는 시간입니다.	
제식훈련	군인이 갖춰야 할 내·외적인 기본자세를 배우는 시간으로서, 걸음걸이·경례 요령·군대 예절을 익혀 군인다워지는 훈련입니다.	

(3) 기본 전투기술 구비

소총의 조작 및 관리	개인화기의 특성을 익히고 조작 및 관리 요령에 대해서 숙달하는 훈련입니다.	
사격술 훈련	사격을 하기 전에 자세·조준·격발은 어떻게 하고, 주의할 사항은 무엇인지를 배웁니다.	
경계	군인의 기본인 '수하'요령과 관측/보고요령에 대해서 교육합니다.	

* "누구냐?"라는 뜻. 군대에서 야간 경계근무 시 적을 식별하기 위한 용어

구급법	전장에서 다친 전우를 구하기 위한 기본적인 응급처치 기술을 습득하는 훈련으로서, 전역 후에도 가족과 애인이 위급할 때 생명을 구할 수 있는 유용한 훈련입니다.	
화생방	적의 화학·생물학·핵 공격에 대비하여 자신을 보호하고 지속적인 임무수행을 위한 능력을 갖추기 위한 훈련으로서 방독면 착용·가스 실습 등을 훈련합니다.	
수류탄	수류탄의 특성과 제원을 숙지하고 사용 요령을 숙달하여 전투에서 적을 효과적으로 제압할 수 있는 능력을 구비합니다.	
영점사격	일정한 사거리에서 조준점과 탄착점을 일치시키기 위한 사격훈련입니다.	
기록사격	사거리별 표적을 명중시킬 수 있는 원리를 이해하고 숙달하기 위한 훈련입니다.	
각개전투	방향유지, 다양한 지형지물을 이용한 주·야간 이동하는 기술과 각종 장애물을 극복하고 적의 진지를 탈취하기 위한 절차를 숙달하는 훈련으로 훈련소에서 배운 모든 전투기술이 망라되어 있습니다.	
완전군장 행군	전장에서 발생하는 다양한 상황을 극복할 수 있는 전투체력을 구비하기 위해 20kg 완전군장으로 훈련소 주변 20km를 행군하는 훈련입니다.	
수료식	5주간의 훈련을 마치고 빛나는 이등병 계급장을 부착하는 시간으로 수료식 후에는 부모님과 함께 영외로 면회외출을 실시합니다.	

다. 생활 수칙

(1) 기본 생활 수칙

- 일과시간 엄수: 기상·취침·식사·교육 등 모든 일정을 정확히 지켜야 합니다.
- 상호 경어 사용: 동기생들과도 존댓말을 사용하여 상호 존중하는 문화를 만듭니다.
- 개인 위생 관리: 매일 세면·양치·면도를 실시하고 항상 청결을 유지합니다.

(2) 단체행동 규율

- 이동 시 반드시 조별/분대 단위로 움직이며 개별행동은 금지됩니다.
- 교관의 지시에 즉각적으로 따르고, "예!"라고 크게 답변합니다.
- 열중쉬어, 차렷 등 기본자세를 숙지하고 정확히 이행합니다.

(3) 생활관 규칙

- 내무반 정리정돈: 개인물품, 피복류는 지정된 방법으로 정리합니다.
- 취침/기상: 일괄적으로 실시하며, 개인행동은 금지됩니다.
- 청소구역 담당: 할당된 구역은 책임지고 청소하여 청결을 유지합

니다.

(4) 교육훈련 수칙

- 교육 시 졸음, 잡담 등은 엄격히 금지됩니다.
- 교관의 질문에는 큰 소리로 답변하고 적극적으로 참여합니다.
- 체력단련, 훈련 시 안전수칙을 반드시 준수합니다.

(5) 유의사항

- 휴대폰 등 개인 통신기기는 사용이 제한됩니다.
- 지정된 시간 외 생활관 출입이 금지됩니다.
- 개인물품 분실 예방을 위해 사물함 잠금장치를 항상 확인합니다.

이러한 규칙들은 훈련소의 안전하고 효율적인 운영과 훈련병들의 군인정신 함양을 위해 꼭 필요한 사항들입니다. 모든 규칙을 잘 숙지하고 준수하면 훈련소 생활에 잘 적응할 수 있습니다.

라. 스트레스 관리 방법

(1) 편지쓰기 활용

- 가족들과 친구들에게 정기적으로 편지를 씁니다.
- 일기 형식으로 자신의 감정을 표현하고 정리해 봅니다.
- 훈련소 생활의 소소한 에피소드를 기록하며 추억을 만듭니다.

(2) 동기들과 대화하기

- 같은 상황에 있는 동기들과 고민을 나누어 봅니다.
- 서로 격려하고 응원하는 관계를 만들어 갑니다.
- 힘든 훈련도 함께 하면 극복하기 쉽습니다.

(3) 종교 활동 참여

- 종교 활동을 통하여 마음의 안정을 찾습니다.
- 주말 종교 행사에 참여하여 휴식시간을 가집니다.
- 군종장교나 동료들과 대화하며 정신적 위안을 얻습니다.

(4) 긍정적 마인드 유지

- 훈련소 생활을 인생의 새로운 경험으로 받아들입니다.
- 매일의 작은 성취와 발전에 의미를 부여합니다.
- 수료 후의 목표를 세우고 그것에 집중합니다.

마. 주의사항

(1) 군기잡기 금지

- 선임병이나 동기들 간의 폭력은 절대 금지됩니다.
- 언어폭력이나 위협적인 행동도 처벌 대상입니다.
- 의심되는 상황은 즉시 간부에게 보고해야 합니다.

(2) 따돌림 금지

- 모든 훈련병은 평등하게 대우받아야 합니다.
- 특정 훈련병을 고립시키거나 차별하는 행위는 금지됩니다.
- 서로 배려하고 존중하는 문화를 만들어야 합니다.

(3) 부당한 지시 거부

- 공식 훈련과정을 벗어난 사적 지시는 거부해야 합니다.
- 부당한 지시를 받았을 경우 상급자에게 보고하세요.
- 정당한 절차와 규정을 벗어난 행위는 단호히 거부합니다.

(4) 건강관리 철저

- 부상 증상이 있으면 즉시 의무대를 방문하세요.
- 개인 위생 관리를 철저히 합니다.
- 충분한 수분 섭취와 휴식을 취하세요.
- 무리한 훈련은 피하고 자신의 체력을 감안해 운동강도를 조절합니다.

바. 수료 기준

(1) 교육훈련 이수

- 필수 교육과정을 모두 참여하고 이수해야 합니다.
- 주요 과목별 평가에서 기준점수를 획득해야 합니다.
- 핵심훈련(제식훈련, 화생방훈련, 각개전투 등) 완료가 필요합니다.

(2) 사격 합격

- M16소총 사격훈련에서 정해진 점수를 획득해야 합니다.
- 기본적인 조준법과 사격자세를 숙지해야 합니다.
- 안전수칙을 준수하며 사격해야 합니다.

(3) 생활태도 양호

- 기본적인 군인정신과 가치관 함양
- 지시사항 이행과 규정 준수 여부
- 동료들과의 협동심과 단체생활 적응도
- 청결 상태와 내무생활 상태

2. 인터넷 편지 쓰는 방법과 주의사항

군대 인터넷 편지(인편) 쓰는 방법과 주의사항을 상세히 설명해 드리겠습니다.

가. 인터넷 편지 작성 사이트

(1) 더캠프(The Camp)

주소: www.thecamp.or.kr
가장 보편적으로 사용되는 공식 사이트
육군훈련소 포함 모든 군부대 편지 발송 가능

(2) 육군훈련소 홈페이지

주소: www.katc.mil.kr

육군훈련소 전용 편지 발송 시스템

훈련소 관련 정보도 함께 확인 가능

나. 더캠프 이용방법

(1) 더캠프 웹사이트(www.thecamp.or.kr) 회원가입

(2) 군인 정보 등록하기

- 이름, 생년월일 입력
- 입영부대(육군훈련소) 선택
- 입영일자 선택
- 군번은 입영 후 훈련병이 첫 편지에서 알려 주면 입력

(3) 편지 작성

- 더캠프 로그인 후 '편지쓰기' 선택
- 훈련병 선택 후 편지 내용 작성

- 글자 수 제한: 1500자
- 발송은 하루 1회 가능
- 편지는 오후 8시 이전 작성 시 다음 날 출력되어 전달

(4) 주의사항

- 욕설, 비속어 사용 금지
- 선정적이거나 폭력적인 내용 금지
- 사진이나 이모티콘 첨부 불가
- 개인정보나 민감한 내용 포함 금지
- 광고성 내용 작성 금지
- 긴 문단보다는 짧은 단락으로 나누어 쓰기

(5) 추가 기능

- 훈련소 소식 확인 가능
- 면회 신청 가능
- 사진 인화 서비스 이용 가능
- 훈련병 일정 확인 가능

다. 효과적인 편지쓰기 팁

(1) 정기적으로 보내기

- 매일 같은 시간대에 편지쓰는 습관 만들기
- 훈련병이 편지를 기다리는 시간을 예측할 수 있게 됩니다.
- 끊기지 않는 소통으로 훈련병에게 안정감을 제공합니다.

(2) 짧더라도 자주 보내기

- 긴 편지보다는 짧더라도 자주 보내는 것이 효과적입니다.
- 일상의 소소한 이야기도 훈련소에서는 큰 위로가 됩니다.
- 간단한 응원 메시지만으로도 힘이 됩니다.

(3) 구체적인 이야기 하기

- 가족, 친구들의 근황을 자세히 전달합니다.
- 사회 소식이나 관심사를 구체적으로 설명합니다.
- 추억이 있는 장소나 물건에 대한 이야기를 공유합니다.

(4) 질문을 포함하여 대화하듯 쓰기

- 훈련소 생활에 대하여 궁금한 점을 물어봅니다.
- 훈련병의 경험과 감정에 관심을 보입니다.
- 다음 편지에서 답장할 내용거리를 만들어 줍니다.

(5) 날짜 표기 잊지 않기

- 매 편지마다 작성 날짜를 기록합니다.
- 요일까지 함께 표기하면 더욱 좋습니다.
- 훈련소에서 시간 흐름을 파악하는 데 도움이 됩니다.

라. 자주 하는 실수

(1) 잘못된 인적사항 입력

- 훈련병 이름이나 생년월일 오타에 주의합니다.
- 군번은 정확히 받아서 입력합니다.
- 소속 대대/중대 정보를 꼼꼼히 확인합니다.

(2) 부대 배치 전 조기 발송

- 입영 직후에는 아직 편지 전달이 어려울 수 있습니다.
- 신병교육대 배치 완료 후 발송을 시작합니다.
- 보통 입영 3-4일 후부터 발송이 가능합니다.

(3) 부적절한 내용 포함

- 외부 걱정거리나 부정적 소식은 자제합니다.
- 민감한 개인정보는 포함하지 않도록 합니다.
- 사회적 이슈나 정치적 내용은 가급적 피합니다.
- 선정적이거나 부적절한 표현은 삼갑니다.

(4) 너무 긴 내용

- 글자 수 제한(1500자)을 초과하면 잘립니다.
- 핵심 내용을 간단명료하게 전달합니다.

훈련소 시기 불안감 다루기

군대 훈련소에서 느끼는 불안감은 매우 자연스러운 감정입니다. 새로운 환경, 통제된 생활, 그리고 가족과 친구들과 떨어져 지내야 한다는 사실이 큰 스트레스가 될 수 있습니다. 하지만 이러한 불안감을 잘 다루는 방법들이 있습니다.

가. 불안감 이해

우선, 불안감을 느끼는 것이 비정상적인 것이 아니라는 점을 이해하는 것이 중요합니다. 대한민국 남성이라면 누구나 거치는 과정이며, 많은 사람들이 비슷한 감정을 경험합니다. "이것도 지나가리라"는 마음가짐으로 하루하루를 보내는 것이 도움이 됩니다.

나. 규칙적 생활패턴

실질적인 대처 방법으로는 먼저 규칙적인 생활패턴을 만드는 것이 좋습니다. 일과 시간에 맞춰 생활하면서 자연스럽게 군 생활에 적응할 수 있습니다. 특히 취침 전 시간을 잘 활용하는 것이 중요한데, 이 시간에 편지를 쓰거나 간단한 스트레칭을 하면서 하루의 긴장을 풀 수 있습니다.

다. 동기들과의 관계

동기들과의 관계도 매우 중요합니다. 같은 상황에 처한 동기들과 대화를 나누면서 서로의 고민을 나누고 위로받을 수 있습니다. 하지만 너무 깊은 고민이나 불만을 공유하는 것은 오히려 부정적인 영향을 줄 수 있으니 적절한 선을 지키는 것이 좋습니다.

라. 체력 관리

체력 관리도 불안감 해소에 큰 도움이 됩니다. 훈련이 힘들더라도 꾸준히 참여하면서 체력이 늘어나는 것을 느끼면 자신감도 함께 상승합니다. 무리하지 않되 최선을 다하는 자세로 임하는 것이 좋습니다.

마. 가족들과의 연락

가족들과의 연락도 큰 위안이 됩니다. 인터넷 편지나 면회를 통해 가족들의 응원을 받으면서 힘을 얻을 수 있습니다. 특히 편지를 통해 자신의 감정을 표현하는 것은 매우 효과적인 스트레스 해소 방법입니다.

바. 상담 서비스

만약 불안감이 너무 심해진다면, 부대에서 제공하는 상담 서비스를 이용하는 것도 좋은 방법입니다. 상담병사나 군종장교와의 상담을 통해 전문적인 조언을 받을 수 있습니다. 이런 도움을 요청하는 것은 결코 부끄러운 일이 아니며, 오히려 현명한 선택입니다.

마지막으로, 이 시간을 자기 성장의 기회로 바라보는 시각도 필요합니다. 군대에서의 경험은 분명 쉽지 않지만, 이를 통해 인내심과 책임감, 그리고 공동체 의식을 배울 수 있습니다. 이러한 긍정적인 면들을 생각하면서 하루하루를 보내면 조금 더 수월하게 적응할 수 있습니다.

이러한 방법들을 시도해 보면서 자신에게 가장 잘 맞는 대처 방법을 찾는 것이 중요합니다. 모든 사람이 같은 방법으로 불안감을 해소할 수 있는 것은 아니니, 여러 가지를 시도해 보면서 본인만의 방법을 찾아 보시기 바랍니다.

불안감 다루기		
1. 불안감의 일반적 원인	- 새로운 환경에 대한 두려움 - 통제된 단체생활 적응 걱정 - 가족/친구와의 분리 불안 - 체력 관련 걱정 - 훈련 수행 능력에 대한 걱정	
2. 심리적 준비하기	긍정적 마인드 가지기	- "누구나 거치는 과정이다" - "시간은 반드시 흐른다" - "이것도 좋은 경험이 될 것이다"
	사전 정보 수집	- 훈련 내용 미리 파악 - 선배들의 경험담 듣기 - 일과 시간표 숙지
3. 실질적 대처방법	호흡 조절하기	- 깊은 호흡 연습 - 긴장 시 심호흡하기
	목표 설정	- 하루 단위로 작은 목표 세우기 - 주별 달성 목표 정하기 - 수료까지 큰 그림 그리기
4. 스트레스 해소 방법	내무시간 활용	- 일기쓰기 - 편지쓰기 - 묵상하기 - 스트레칭
	동기들과 교류	- 대화 나누기 - 서로 격려하기 - 공동체 의식 키우기
5. 체력 관리	기초체력 준비	- 점진적 운동량 증가 - 스트레칭 습관화 - 충분한 수분 섭취
	휴식 활용	- 적절한 수면 - 피로 회복 - 컨디션 관리

6. 관계 형성 전략	교관/조교와의 관계	- 예의 지키기 - 적극적인 태도 - 명확한 의사소통
	동기들과의 관계	- 배려하는 마음가짐 - 도움 주고받기 - 팀워크 중시
7. 일상적 대처법	규칙적인 생활	- 시간표 준수 - 정리정돈 습관화 - 위생관리 철저
	긍정적 루틴 만들기	- 아침 스트레칭 - 취침 전 명상 - 감사일기
8. 전문적 도움 활용	상담병사 제도	- 고충상담 - 적응지원 - 심리상담
	군종장교 상담	- 종교활동 - 정신건강 상담 - 심리적 지지
9. 가족/친구와의 연결	편지 주고받기	- 정기적 소식 전하기 - 감정 공유하기 - 응원 메시지 받기
10. 자기 격려하기	성장 기회로 보기	- 인내심 기르기 - 단체생활 배우기 - 자기발전 기회
	긍정적 자기대화	- "나는 할 수 있다" - "이 또한 지나갈 것이다" - "매일 조금씩 성장하고 있다"

수료행사 및 면회

가. 수료일 및 부대 개방시간

수료일	현역: 입영 6주차 화요일 또는 수요일 보충역: 3주차 목요일
부대 개방시간	08:30 ~ 17:00
수료식(장소)	10:00(입영심사대) * 보충역은 수료식 종료 후 귀가
면회시간	10:00 ~ 16:00

나. 수료식 행사 참고사항

(1) 출발시간

많은 인원이 참석하여 도로와 행사장 주차장이 복잡할 것으로 예상되므로, 가급적 여유 있게 출발하는 것이 좋습니다.

(2) 수료행사 소요시간

수료식 행사는 30분 정도 소요되나 행사 전·후 이동시간과 기상 등을 고려하여 노약자분들은 건강에 유념해야 합니다.

(3) 모바일 초청장

부대 출입 시에는 복잡하니 가급적 모바일 초청장을 출력하여 사진 위치를 운전석으로 조정하고, 미휴대 시에는 모바일 초청장을 근무자에게 제시하여야 합니다.

(4) 수료식 장소

육군훈련소 수료식은 2개소(훈련소 영내, 입영심사대)로 나누어 실시되며 세부 시간은 부대 사정에 따라 변경될 수 있으니 초청장에 명시된 장소와 시간을 미리 확인하세요.

(5) 사진 촬영 등

영내에서는 모바일 인터넷, 화상통화를 금하며, 부대 관련 사항 누설, 인터넷 홈페이지에 군사 내용 기재 및 E-mail 송신 행위를 금지하고 있으며, 또한 사진 촬영도 군사보안 규정에 의거 수료식 행사장에서만 가능합니다.

(6) 셔틀버스

육군훈련소 정문에서 행사장까지 셔틀버스를 운행하고 있으니, 도보로 이동할 경우에는 이용하시기 바랍니다.

* 버스 탑승 장소: 역사관 앞(육군훈련소 정문에서 약 50m 지점)

(7) 자대 배치 전산분류 및 통보

수료행사 전 육군본부가 주관하는 공개 전산분류 방식으로 자대 배치를 실시하며, 분류 결과는 수료 당일 14시경 부모님께 문자로 전송됩니다.

제3장

자대 배치 후 적응기

자대 배치의 이해와
부대 종류별 특성

자대 배치와 부대 종류별 특성에 대해 상세히 설명해 드리겠습니다.

자대 배치는 훈련소 수료 후 실제로 복무하게 될 부대를 배정받는 과정입니다. 이는 주로 신체검사 결과, 적성검사, 보유 자격증, 학력, 특기 등을 종합적으로 고려하여 결정됩니다. 배치 과정은 군의 필요성과 개인의 능력을 최대한 조화롭게 맞추려고 하지만, 군의 수요가 우선시 됩니다.

가. 전방부대

전방부대는 휴전선과 가까운 1군과 3군에 위치한 부대들입니다. 이곳은 적과 직접 대치하는 최전선으로, 상대적으로 생활환경이 열악할 수 있지만 휴가 가산점 등의 혜택이 있습니다. 또한 전투력 유지를 위한 훈련이 자주 있으며, 경계 근무가 많은 편입니다.

나. 후방부대

후방부대는 2작전사령부 예하 부대들로, 주로 수도권과 지방 도시 근처에 위치합니다. 전방에 비해 상대적으로 편한 근무환경을 가지고 있으며, 주로 지원임무를 수행합니다. 다만 휴가 가산점은 전방보다 적습니다.

다. 특수부대

특수부대는 특전사, 수색대대 등이 있습니다. 이들 부대는 높은 수준의 체력과 정신력이 요구되며, 특수한 임무를 수행합니다. 훈련 강도는 높지만, 자부심과 특별한 경험을 얻을 수 있습니다.

라. 지원부대

지원부대는 의무대, 취사병, 군악대, 운전병 등 특수한 임무를 수행하는 부대입니다. 전투임무보다는 지원업무를 주로 하며, 관련 자격이나 경험이 있으면 지원할 수 있습니다. 상대적으로 전투훈련은 적은 편이지만, 각자의 특기를 살린 전문적인 임무를 수행합니다.

마. 근무지원부대

근무지원부대는 각종 행정지원, 시설관리 등을 담당합니다. 사무실 근무가 많으며, 비교적 규칙적인 생활이 가능합니다. 컴퓨터 활용능력이나 행정처리 능력이 중요하게 여겨집니다.

바. 기술병과

기술병과는 통신, 공병, 기계, 전자 등 전문기술이 필요한 분야입니다. 관련 자격증이나 전공자가 우대되며, 군 생활 동안 전문성을 더욱 키울 수 있는 기회가 있습니다.

각 부대마다 장단점이 있으므로, 자신의 적성과 체력, 희망하는 군 생활 방향을 고려하여 지원하는 것이 좋습니다. 또한 배치 후에는 해당 부대의 특성을 이해하고 적응하려는 노력이 필요합니다.

특히 주목할 점은 같은 유형의 부대라도 위치와 지휘관에 따라 분위기가 매우 다를 수 있다는 것입니다. 따라서 선배들의 경험담이나 정보를 참고하되, 실제 배치 후에는 열린 마음으로 적응하려 노력하는 것이 중요합니다.

또한 자대 배치 후 처음 몇 주가 적응에 매우 중요한 시기입니다. 이 시기에는 부대의 규칙과 문화를 빠르게 파악하고, 선임들과 좋은 관계를 형성하는 데 집중하는 것이 좋습니다.

마지막으로, 어느 부대에 배치되더라도 긍정적인 마음가짐으로 임하는 것이 중요합니다. 각 부대는 모두 군 전체 시스템에서 중요한 역할을 담당하고 있으며, 어디서든 의미 있는 경험과 배움을 얻을 수 있기 때문입니다.

새로운 환경 적응을 돕는 대화법

군대에서의 효과적인 대화법에 대해 자세히 설명해 드리겠습니다.

가. 기본 예의

먼저, 군대에서는 계급과 직책에 따른 위계질서가 분명하기 때문에 기본적인 예의를 갖추는 것이 매우 중요합니다. 상급자와 대화할 때는 "예", "아니요"와 같은 명확한 응답을 사용하고, 지시사항을 정확히 복창하여 이해했음을 보여 주는 것이 좋습니다.

나. 상급자와의 대화

상급자와의 대화에서는 "보고드립니다"라는 말로 시작하여 "이상입니다"로 마무리하는 것이 기본입니다. 중요한 것은 단순히 형식적인 말투를 따르는 것이 아니라, 상대방을 존중하는 마음가짐을 가지고 대화하는 것입니다.

다. 동기나 후임과의 대화

동기나 후임과 대화할 때는 좀 더 편안한 분위기에서 대화할 수 있지만, 여전히 기본적인 예의는 지켜야 합니다. 특히 험담이나 불필요한 갈등을 야기할 수 있는 주제는 피하는 것이 현명합니다.

라. 업무상 대화

업무와 관련된 대화에서는 "알겠습니다"라는 답변보다는 구체적으로 어떻게 할 것인지를 설명하는 것이 좋습니다. 예를 들어 "네, 오후 2시까지 보고서를 작성하여 제출하겠습니다"와 같이 구체적으로 답변하면 소통이 더 원활해집니다.

마. 상담

어려움이나 고민이 있을 때는 적절한 시기와 장소를 선택하여 상담하는 것이 중요합니다. 바쁜 시간을 피하고, 가능하면 개인적인 대화가 가능한 시간에 상담을 요청하는 것이 효과적입니다.

바. 갈등

부대 내에서 발생하는 갈등 상황에서는 감정적인 대응을 자제하고, 차분히 자신의 입장을 설명하는 것이 중요합니다. 필요한 경우 지휘관이나 상담관의 조언을 구하는 것도 좋은 방법입니다.

사. 의사소통

또한, 군대에서는 명확하고 간단한 의사소통이 중요합니다. 불필요한 말을 줄이고, 핵심적인 내용을 전달하는 습관을 들이면 좋습니다. 특히 임무나 지시사항과 관련된 대화에서는 더욱 그렇습니다.

아. 칭찬과 감사

칭찬과 감사의 표현도 적절히 사용하면 좋습니다. "수고하셨습니다", "감사합니다"와 같은 간단한 인사말로도 상대방에 대한 존중과 배려를 표현할 수 있습니다.

자. 실수했을 때

실수를 했을 때는 변명하기보다 솔직하게 인정하고 개선하겠다는 의지를 보여 주는 것이 좋습니다. "죄송합니다. 다음에는 이런 실수를 반복하지 않도록 하겠습니다"와 같이 명확하게 표현하면 됩니다.

차. 균형

마지막으로, 부대 내 모든 구성원들과 기본적인 예의를 갖추고 대화하되, 너무 형식적이거나 경직되지 않도록 균형을 잡는 것이 중요합니다. 상황과 대화 상대에 따라 적절한 말투와 태도를 선택하는 유연성이 필요합니다.

군대에서의 대화는 단순한 의사소통을 넘어 조직생활의 중요한 부분입니다. 상호 존중과 이해를 바탕으로 한 효과적인 대화는 원활한 군 생활의 기반이 됩니다. 이러한 점들을 잘 고려하여 실천한다면, 보다 수월한 군 생활 적응이 가능할 것입니다.

휴대전화 사용 규정 이해하기

군대에서의 휴대전화 사용 규정에 대해 자세히 설명해 드리겠습니다.

가. 휴대전화 사용 시간

일반적인 휴대전화 사용 시간은 일과 이후인 저녁 시간부터 취침 전까지입니다. 보통 평일 저녁 6시부터 9시(또는 10시)까지 사용이 가능하며, 주말과 공휴일에는 좀 더 긴 시간 동안 사용할 수 있습니다. 단, 부대별로 구체적인 시간은 차이가 있을 수 있습니다.

나. 보안규정 준수

보안규정이 가장 중요한데, 부대 내 사진 촬영은 엄격히 금지됩니다.

특히 군사시설, 장비, 문서 등을 촬영하는 것은 엄중한 처벌 대상이 됩니다. SNS에 부대 관련 정보를 게시하는 것도 금지되어 있으니 특별히 주의해야 합니다.

다. 보관

휴대전화는 지정된 보관함에 보관해야 하며, 일과 시간 중에는 사용할 수 없습니다. 긴급한 연락이 필요한 경우에는 간부에게 보고하고 승인을 받아야 합니다. 보관함 열쇠는 지정된 관리자가 보관하며, 사용 시간에 맞춰 배부와 회수가 이루어집니다.

라. 전화기 기종

전화기 기종에도 제한이 있습니다. 카메라 기능이 있는 휴대전화는 보안 스티커를 부착해야 하며, 이 스티커가 훼손된 경우 즉시 교체해야 합니다.

마. 인터넷 사용, 게임 등

통화나 문자는 가능하지만, 인터넷 사용이나 게임 등에 제한이 있을 수 있습니다. 또한 충전은 지정된 장소에서만 가능하며, 개인 충전기 사용이 제한될 수 있습니다.

바. 훈련 시

훈련이나 경계근무 등 특별한 상황에서는 휴대전화 사용이 전면 제한될 수 있습니다. 이러한 경우에는 사전에 공지가 이루어지며, 긴급 연락이 필요한 경우 지휘관을 통해 가능합니다.

사. 군기저해

부대 분위기를 해치거나 군기를 저해하는 방식의 사용은 금지됩니다. 예를 들어, 취침시간 이후 몰래 사용하거나, 다른 병사들에게 피해를 주는 행위는 제재 대상이 됩니다.

아. 영상통화

특히 주의할 점은 영상통화입니다. 부대 내부가 노출될 수 있어 특별한 장소에서만 허용되거나 아예 금지될 수 있습니다. 따라서 일반 음성통화나 문자메시지를 주로 이용하는 것이 안전합니다.

자. 인터넷 도박

또한 휴대전화로 인한 부채 문제나 도박 등을 예방하기 위해 일부 앱이나 서비스가 차단될 수 있습니다. 이는 장병들의 건전한 군 생활을 위한 조치이니 이해하고 따르는 것이 좋습니다.

★ 휴대전화를 이용한 인터넷 도박으로 적발되는 경우가 많습니다. 도박사이트에 접속하는 것이 비교적 용이하여 장병들이 사이버도박에 빠져드는 경우가 생깁니다. 도박사이트를 수사하는 과정에서 현역장병들의 접속한 사례가 군에 통보됩니다. 통보된 사람들은 군사경찰로부터 조사를 받은 후 군사재판에 회부됩니다. 인터넷 도박은 절대 하지 않아야 합니다.

차. 휴대전화 사용 제한조치

마지막으로, 이러한 규정을 위반할 경우 휴대전화 사용이 제한되거나 징계 대상이 될 수 있습니다. 따라서 규정을 잘 숙지하고 준수하는 것이 중요합니다. 특히 처음에는 다소 불편하게 느껴질 수 있지만, 군 보안과 건전한 병영 문화 조성을 위해 필요한 조치임을 이해하는 것이 필요합니다.

규정 내에서 가족, 친구들과 연락하며 건전한 군 생활을 하는 것이 바람직합니다. 휴대전화는 외부와의 소통 수단이지만, 동시에 부대 생활에 방해가 되지 않도록 적절히 사용하는 것이 중요합니다.

1. 사용 시간

구분	시간	비고
평일	18:00 ~ 21:00 (또는 22:00)	부대별 상이
주말/공휴일	08:00 ~ 21:00 (또는 22:00)	부대별 상이
특별상황	사용제한	훈련, 경계근무 등

2. 보안 규정

절대금지 사항	준수사항
× 부대 내 사진/동영상 촬영 × 군사시설 정보 게시/전송 × 위치정보 서비스 사용 × 부대 내부 SNS 인증	• 카메라 보안스티커 부착 • 지정장소에서만 사용 • 녹음/녹화 기능 사용금지 • 보안설정 준수

3. 사용 제한

제한기능	제한 상황
• 영상통화(부대별 상이) • 게임/도박 관련 앱 • GPS/위치기반 서비스 • 스트리밍 서비스	• 작전/훈련 기간 • 경계근무 시 • 교육/강의 시간 • 점호/결산 시간

4. 보관 및 관리

보관 방법	관리 방법
• 지정된 보관함 이용 • 사용시간 외 보관 의무 • 충전은 지정장소에서만 • 개인 충전기 사용제한	• 보안스티커 상태 확인 • 정기적 보안점검 실시 • 비밀번호 설정 필수 • 분실/파손 즉시 보고

5. 위반 시 조치사항

경미한 위반	중대한 위반	보안위반
• 주의/경고 • 사용시간 제한 • 교육이수	• 사용권한 정지 • 징계조치 • 법적 조치 가능	• 형사처벌 가능 • 영구 사용제한 • 법적 책임 부과

[별표 8의2] 병 휴대전화 사용위반행위 사건 징계양정기준

□ 징계권자는 징계회부 또는 불요구(경고) 여부 결정 시 징계양정 기준을 참고할 수 있음.

ex) 적발 횟수가 1~2회에 불과하고 사안이 경미한 경우, 징계권자는 불요구(경고) 가능

☐ 본 양정기준에 명시되지 않은 징계행위에 대하여는 별표 8의 징계양정기준에 따라 처리함.

※ 병 징계벌목

견책	근신	휴가단축	감봉	군기교육			강등
				하	중	상	
-	1~15일	1~5일	1~3월	1~5일	6~10일	11일~15일	

징계사유		구체적 비행유형(예)	중대한 위반		경미한 위반	
			계획적	우발적	계획적	우발적
성실 의무 위반	타인 권리 침해	• 통신데이터 제공(선물, 매매) 요구 • 타인 휴대전화 무단열람·사용 • 온라인게임·음란물시청 등 동참 강요 • 유해사이트(음란, 도박 등) 접속 강요 등	강등 ~ 군기 교육(상)	군기 교육(중)	군기 교육(하) ~ 휴가 단축	휴가 단축 ~ 견책
	이적 행위	• 이적성 내용을 게재·전송	강등	강등 ~ 군기 교육(상)	군기 교육(상) ~ 군기 교육(중)	군기 교육(중) ~ 군기 교육(하)
복종 의무 위반	사용 수칙 위반	• 휴대전화 미반납 • 사용시간 미준수 • 허용된 장소 외에서 사용 • 개인정보 부정이용 및 무단 유출 • 군사보호구역을 제외한 영내 - 비인가 휴대전화 등 반입·사용 - 촬영·녹음 기능 무단사용, 통제시스템 임의해제, 카메라 스티커 임의제거 - 무선통신장치(NFC, 비콘 등) 무단사용, 촬영기능 통제시스템 임의해제	강등 ~ 군기 교육(하)	군기 교육(하) ~ 휴가 단축	휴가 단축	근신 ~ 견책

징계사유		구체적 비행유형(예)	중대한 위반		경미한 위반	
			계획적	우발적	계획적	우발적
비밀엄수의무위반	보안위규	• 정보통신시스템 관리위반 - 미승인 WIFI·테더링·블루투스·GPS 등 사용 - 휴대전화를 군 전산장비에 연결 - 무선통신장치(NFC, 비콘) 훼손 • 군사보호구역 내 - 비인가 휴대전화 등 반입·사용 - 촬영·녹음 기능 무단사용, 통제시스템 임의해제, 카메라 스티커 임의제거 - 무선통신장치(NFC, 비콘) 영내 임의 사용 및 촬영기능 통제시스템 임의 해제	강등 ~ 군기교육(하)	군기교육(하)	감봉 ~ 휴가단축	휴가단축 ~ 근신
		• 촬영·녹음기능 사용 • 비인가 휴대전화 등 반입 및 사용 • 군사통제구역 반입	강등 ~ 군기교육(상)	군기교육(중)	군기교육(하) ~ 휴가단축	휴가단축 ~ 근신
품위유지의무위반	사이버도박	• 사이버 도박행위를 한 경우	강등 ~ 군기교육(상)	군기교육(상) ~ 군기교육(중)	군기교육(중)	군기교육(하) ~ 감봉
	영리행위	• 인터넷 개인방송 등을 통한 영리행위	강등 ~ 군기교육(중)	군기교육(중) ~ 군기교육(하)	군기교육(하) ~ 감봉	휴가단축
	정치적중립의무위반	• 정치적 중립의무에 반하는 내용 게재	강등 ~ 군기교육(상)	군기교육(중)	군기교육(하)	휴가단축

징계사유		구체적 비행유형(예)	중대한 위반		경미한 위반	
			계획적	우발적	계획적	우발적
품위 유지 의무 위반	명예 훼손, 모욕, 협박	• 타인의 명예를 훼손하는 내용 게재 • 욕설 등 언어폭력 내용 게재 • 공포심을 유발하는 내용 게재·전송	강등 ~ 군기 교육(상)	군기 교육(중)	군기 교육(하)	휴가 단축
	성폭력	• 음란 영상물 이용 폭행·협박·강요 등	강등			
		• 성적 수치심 일으키는 사진·동영상 등 촬영·복제·제작 등	강등	강등 ~ 군기 교육(상)	군기 교육(상) ~ 군기 교육(중)	군기 교육(중) ~ 군기 교육(하)
		• 아동·청소년 촬영 불법 영상물 소지(다운로드)	강등 ~ 군기교육(상)		군기 교육(상)	군기 교육(중)
		• 통신매체이용 음란행위 - 음란물 및 성적 수치심 일으키는 말·음향·글·그림 등 게재·전송·유포	강등 ~ 군기 교육(상)	군기 교육(상)	군기 교육(중)	군기 교육(하)
	기타 성비위	• 음란물 등 공연히 시청 • 유해사이트 접속	강등 ~ 군기 교육(하)	군기 교육(하)	감봉 ~ 휴가 단축	근신 ~ 견책
	기타	• 개인의 의견이 군의 공식 의견이나 군사정보로 오해될 수 있는 내용 게재	강등 ~ 군기 교육(하)	군기 교육(하)	감봉 ~ 휴가 단축	근신 ~ 견책
법령 준수 의무 위반	기타	• 불법복제 등 저작권법 위반 • 악성프로그램 전송	강등 ~ 군기 교육(상)	군기 교육(중)	군기 교육(하) ~ 휴가 단축	근신 ~ 견책

부대별 면회 규정과 준비물

부대 면회 규정과 준비물에 대해 상세히 설명드리겠습니다.

가. 면회 시간

먼저 면회 시간에 대해 말씀드리면, 대부분의 부대는 주말과 공휴일에 면회가 가능합니다. 훈련소의 경우 보통 5주차에 면회가 허용되며, 토요일과 일요일 오전 10시부터 오후 4시까지 가능합니다. 면회 시간은 1~2시간으로 제한되어 있습니다. 면회는 반드시 더캠프 웹사이트를 통해 사전 예약을 해야 합니다.

자대의 경우 부대별로 규정이 조금씩 다른데, 일반적으로 육군은 주말과 공휴일 오전 9시부터 오후 5시까지 면회가 가능합니다. 해군과 공군도 비슷한 시간대에 면회가 가능하지만, 각 군 홈페이지를 통해 예약 절차를 확인하고 진행해야 합니다.

나. 준비물품

면회 시 필수로 준비해야 할 물품들이 있습니다. 가장 중요한 것은 신분증입니다. 주민등록증이나 운전면허증을 반드시 지참해야 하며, 예약확인증과 면회신청서도 필요합니다. 요즘은 코로나19 예방을 위해 마스크와 손소독제도 필수 준비물입니다.

반입 가능한 물품과 불가능한 물품을 정확히 구분하는 것이 중요합니다. 반입 가능한 물품으로는 과자, 페트병 음료수, 씻은 과일, 간단한 간식류 등이 있습니다. 반면 주류, 담배, 카메라를 포함한 전자기기, 유리용기, 날카로운 물건 등은 반입이 금지됩니다.

다. 준수사항

면회 시에는 몇 가지 주의사항을 꼭 지켜야 합니다. 방문 전에는 사전 예약 여부를 다시 한번 확인하고, 준비물을 꼼꼼히 체크해야 합니다. 단정한 복장으로 방문하는 것이 좋습니다. 면회 중에는 지정된 구역을 벗어나지 않도록 주의하고, 시간을 잘 지켜야 합니다. 특히 부대 내 시설물 촬영은 엄격히 금지되어 있으니 주의해야 합니다.

라. 일기 대비

날씨에 따른 준비도 필요합니다. 여름철에는 자외선 차단제나 모자를, 우천 시에는 우산을 준비하는 것이 좋습니다. 면회 장소가 야외인 경우가 많기 때문입니다.

면회가 끝난 후에는 사용한 공간의 정리정돈을 잘해야 합니다. 쓰레기는 분리수거하여 처리하고, 받은 출입증이 있다면 반드시 반납해야 합니다.

마. 긴급연락처

긴급상황에 대비하여 부대 연락처를 미리 저장해 두는 것이 좋습니다. 교통체증이나 기상악화로 인해 지각이 예상될 경우 반드시 부대에 연락하여 알려야 합니다.

바. 유의사항

주의할 점은 이러한 규정들이 부대별로 다소 차이가 있을 수 있다는 것입니다. 따라서 면회 전에 해당 부대의 최신 규정을 반드시 확인하는 것이 중요합니다. 특히 코로나-19와 같은 특수상황에서는 면회 규정이 수시로 변경될 수 있으니 더욱 주의가 필요합니다.

추가로, 면회 시간은 군장병과 가족들에게 매우 소중한 시간이므로, 면회 시간을 최대한 효율적으로 활용하는 것이 좋습니다. 평소 나누고 싶었던 이야기나 궁금한 점들을 미리 정리해 두면 도움이 됩니다.

1. 부대별 기본 면회 정보

구분	면회시간	예약방법	특이사항
훈련소	주말/공휴일 10:00 ~ 16:00	더캠프 예약	5주차 가능
육군 자대	주말/공휴일 09:00 ~ 17:00	부대별 상이	부대별 규정 확인
공군	주말/공휴일 10:00 ~ 16:00	인터넷 예약	지정장소만 가능
해군	주말/공휴일 (함정일정 따름)	사전연락 필수	함정일정 확인
해병대	주말/공휴일 (부대별 상이)	부대별 상이	엄격한 규율

2. 준비물 체크리스트

필수지참물	☐ 신분증(주민등록증/운전면허증) ☐ 면회 관련 서류/예약증 ☐ 마스크, 손 소독제
반입가능 음식	√ 과일, 과자류 √ 음료수(유리용기 제외) √ 도시락(부대별 확인)
권장 준비물	☐ 계절별 용품(모자/우산/장갑) ☐ 면회용 간식/음료 ☐ 휴대용 물티슈
반입금지 품목	× 주류, 날카로운 물건 × 유리용기, 캔 × 카메라(부대별 상이)

3. 주의사항

사전준비	• 면회예약 확인 • 부대위치/교통편 확인 • 준비물 체크
면회 시	• 지정장소만 이용 • 보안규정 준수 • 시간 엄수
긴급상황 대비	• 부대 연락처 저장 • 우천시 대비 • 인근 편의시설 파악

제4장

휴가 제도

휴가의 종류

현역병의 군대 휴가 제도에 대해 자세히 설명해 드리겠습니다.

가. 정기휴가

정기휴가는 복무기간 중 정기적으로 주어지는 기본적인 휴가입니다. 현역병은 복무기간 동안 보통 총 28일의 휴가를 받게 됩니다. 이는 보통 3~4회로 나누어 사용하며, 부대 상황과 개인의 근무 태도를 고려하여 부여됩니다.

나. 포상휴가

포상휴가는 모범적인 복무나 특별한 공적이 있을 경우 추가로 주어지는 휴가입니다. 예를 들어 훈련 우수자, 작전 기여자, 각종 평가 우수자 등에게 부여됩니다. 기간은 보통 1~4일 정도이며, 정기휴가와는 별도로 사용할 수 있습니다.

다. 청원휴가

청원휴가는 가정에 특별한 일이 있을 경우 신청할 수 있는 휴가입니다. 직계가족의 결혼, 사망, 질병 등의 경우에 신청 가능하며, 상황에 따라 3~7일까지 부여됩니다. 이는 정기휴가 일수에 포함되지 않습니다.

라. 병가(진료목적 청원휴가)

병가는 질병이나 부상으로 인해 치료가 필요한 경우 사용할 수 있습니다. 군 병원 진단서나 의사의 소견서가 필요하며, 상황에 따라 기간이 결정됩니다. 이 역시 정기휴가 일수에 포함되지 않습니다. 병가는 청원휴가의 일종입니다.

마. 위로휴가

위로휴가는 특수한 환경에서 근무하는 병사들에게 주어지는 추가 휴가입니다. 예를 들어 최전방 GOP 근무자, 격오지 근무자 등이 해당됩니다. 보통 1~2일 정도가 추가로 부여되며, 정기휴가와 함께 사용할 수 있습니다.

바. 공가

공가는 공적인 일로 인한 휴가를 말합니다. 예를 들어 국가기관의 요청으로 출석해야 하는 경우나 법정 투표를 위한 경우 등에 해당합니다. 필요한 최소 기간만큼 주어지며, 정기휴가 일수에 포함되지 않습니다.

사. 특별휴가

특별휴가는 특별한 상황이나 정부 방침에 따라 추가로 주어지는 휴가입니다. 예를 들어 재난상황 발생 시나 국가적 행사 참여 시 등에 부여될 수 있습니다.

아. 외출/외박

외출/외박은 휴가와는 별도로 운영됩니다. 외출은 당일 복귀를 전제로 하며, 외박은 1박 2일 정도의 짧은 기간 동안 허가됩니다. 이는 부대별 상황과 지휘관 재량에 따라 운영됩니다.

휴가 주의사항

가. 휴가 신청 시 주의사항

- 충분한 시간을 두고 미리 신청합니다.
- 필요한 증빙서류를 준비합니다.
- 지휘계통을 따라 정식으로 신청합니다.
- 승인 여부를 확인합니다.
- 교통편과 숙소를 미리 준비합니다.

> **※ 휴가 신청 시 공전자기록위작/변작죄 유의(매우 중요함!!!!!)**
>
> 최근, 국방인사정보체계의 허점을 이용하여, 휴가를 써먹었음에도 나중에 접속하여 이미 써먹은 휴가를 전산상으로 말소한 후 다시 휴가를 나가는 사례가 심심찮게 적발되고 있습니다. 이렇게 발각된 현역병들은 복무 중에는 물론 제대 후에도 형사절차가 진행되어 결국 공전자기록위작 또는 변작죄로 형사처벌을 받게 됩니다. 형법 제227조의2 '공전자기록위작/변작죄'는 10년 이하의 징역에 처해질 수 있는 중한 범죄입니다. 벌금형이 없어 적발되면 실형, 잘해도 집행유예를 면키 어렵습니다. 한순간의 욕심으로 인생행로가 완전히 바뀔 수 있습니다. 주의해야 합니다.

나. 휴가 나갈 때 주의사항

- 휴가증을 반드시 지참해야 합니다.
- 복귀 시간을 엄수해야 합니다.
- 음주운전 등 법규 위반 행위를 하면 안 됩니다.
- 군복 착용 시 품위 유지가 필요합니다.
- 긴급상황 발생 시 즉시 부대에 보고해야 합니다.

특히, 2019년에 발발한 코로나-19와 같은 특수상황에서는 휴가 제도가 한시적으로 변경될 수 있으므로, 항상 최신 지침을 확인하는 것이 중요합니다. 또한 휴가 중에도 군인으로서의 본분을 잊지 말고 행동해야 하며, 긴급연락체계를 유지하는 것이 필요합니다.

1. 휴가종류별 세부사항

휴가종류	기간	사유/대상	비고
정기휴가	총 28일	복무기간 중 기본휴가	3~4회 분할 사용
포상휴가	1~4일	모범복무, 특별공적	정기휴가 외 추가
청원휴가	3~7일	가정사정(결혼, 사망 등)	증빙서류 필요
위로휴가	1~2일	특수지역 근무자	정기휴가에 추가
공가	필요기간	공적용무(투표 등)	증빙필요
병가	상황별	질병/부상 치료	진단서 필요

2. 외출/외박 제도

외출	• 당일 복귀 원칙 • 부대 상황 고려 • 지휘관 승인 필요
외박	• 1박 2일 기준 • 부대별 기준 상이 • 사전승인 필수

3. 휴가신청 절차

증빙서류 준비	⇒	지휘계통 신청	⇒	승인확인	⇒	휴가증 수령

4. 휴가 시 주의사항

기본수칙	• 휴가증 필수 지참 • 복귀시간 엄수 • 군복 착용 시 품위유지 • 긴급연락체계 유지
금지사항	× 음주운전 × 군복 착용 부적절 행위 × 보안사항 누설 × 무단지역 이탈

제5장

군 의료제도

군 의료현황

가. 현역병 30만 명

아래 국방부 통계에서 보는 바와 같이 매년 약 20만 명이 현역으로 입대합니다. 2022년에는 18만 6천 명이 입대하였습니다. 복무 중인 현역병은 약 30만 명으로 추산됩니다.

구분	2017	2018	2019	2020	2021	2022
현역자원	281,222	264,297	253,936	263,338	228,982	211,322
계획인원(A)	254,469	231,384	234,631	246,512	223,397	214,533
입영인원(B)	227,115	222,517	224,062	236,146	215,754	186,201
입영비율(B/A)	92.5	96.2	95.5	95.8	96.6	86.8

〈 군 입대 현황(단위: 명)(출처: 2023 국방통계연보) 〉

나. 사단 의무대 진료: 매년 200만 명

아래 국방부 통계를 보면, 매년 200만 명 이상이 사단의무대에서 진료를 받습니다(2020년~2022년에는 코로나-19로 진료가 감소했을 것으로 짐작됩니다). 현역병 30만 명이 일 년에 대략 7번 정도는 부상 또는 질병으로 사단의무대에서 진료를 받는다는 것입니다. 군 입대 후 현역병 대부분은 부상·질병으로 인해 사단의무대를 여러 번 이용한다는 것을 알 수 있습니다.

구분	2017	2018	2019	2020	2021	2022
계	2,785,200	2,703,505	2,545,726	2,027,432	1,452,081	1,380,260
육군	2,181,595	2,105,339	1,999,813	1,576,127	1,109,012	1,012,199
해군	71,865	74,950	68,230	65,319	52,444	53,051
공군	326,459	337,844	317,844	256,798	196,537	223,608
해병대	108,703	108,513	92,322	78,114	56,880	54,981
국직	93,578	76,854	67,517	51,074	37,208	36,421

〈사단의무대 진료 현황(출처: 2023 국방통계연보)〉

다. 군 병원 진료: 매년 135만 명

아래 국방부 통계에 의하면, 매년 약 135만 명이 군 병원 진료를 받습니다. 50만 장병 중 연 3번꼴로 군 병원 진료를 받습니다. 현역병의 경우 연 4번꼴로 군 병원 진료를 받는 것으로 보아도 무방할 것입니다.

이런 장병들은 사단의무대에서는 해결이 되지 않는 꽤 심각한 부상·질병으로 방문하는 인원입니다.

구분	2017	2018	2019	2020	2021	2022
계	1,606,206	1,530,331	1,563,046	1,381,043	1,349,856	1,379,386
입원	41,022	36,280	35,942	23,914	18,690	17,186
외래	1,565,184	1,494,051	1,494,051	1,357,129	1,331,166	1,362,200

〈군 병원 진료 현황(단위: 건)(출처: 2023 국방통계연보)〉

라. 군 병원 입원: 매년 3만 명

아래 국방부 통계에 의하면, 매년 약 3만 명이 군 병원 입원진료를 받습니다(2020년~2022년에는 코로나-19로 입원진료가 감소했을 것으로 짐작됩니다). 현역병 30만 명 중 10%가 매년 군 병원에 입원을 할 정도로 부상·질병으로 고통받는다는 의미입니다. 위 통계에 간부 숫자가 포함되어 있음을 감안하더라도 최소 복무 중인 현역병의 약 7~8%가 군 병원 입원진료를 받는 셈입니다.

구분	2017	2018	2019	2020	2021	2022
계	1,606,206	1,530,331	1,563,046	1,381,043	1,349,856	1,379,386
입원	41,022	36,280	35,942	23,914	18,690	17,186

〈군 병원 진료 현황(단위: 건)(출처: 2023 국방통계연보)〉

마. 민간병원 진료: 매년 160만 명

아래 국방부 통계에 의하면, 매년 160만 명 이상이 민간병원에 입원하여 외래진료를 받습니다. 현역병의 경우 연 5번꼴로 민간병원 외래진료를 받는 것으로 보아도 무방할 것입니다.

바. 민간병원 입원: 매년 3만 명

아래 국방부 통계에 의하면, 매년 3만 명 이상이 민간병원에 입원하여 치료를 받습니다. 군 병원에 입원하는 연 3만 명을 감안하면 매년 현역병의 10% 이상 인원이 군 병원이나 민간병원에 입원하여 치료를 받는 것입니다. 복무 중 부상·질병에 시달리는 것이 우리 군의 현실임을 여실히 보여 주고 있습니다.

연도	계	유형별	
		입원	외래
2013	1,035,267	16,744	680,759
2014	1,273,725	23,421	845,100
2015	1,168,173	24,479	781,390
2016	1,414,360	29,470	953,529
2017	1,656,911	35,730	1,120,462
2018	1,846,751	36,809	1,273,884
2019	1,941,290	36,092	1,353,801

연도	계	유형별	
		입원	외래
2020	1,535,657	32,864	1,046,485
2021	1,338,423	30,900	915,573
2022	1,602,393	41,155	1,081,093

〈군 병원 진료 현황(단위: 건)(출처: 2023 국방통계연보)〉

현역병의 의료권 보장

가. 군인의 의료권

군인은 건강을 유지하고 복무 중에 발생한 질병이나 부상을 치료하기 위하여 적절하고 효과적인 의료처우를 받을 권리가 있습니다(군인복무기본법 제17조).

나. 보건의료접근권의 보장

군인 등은 자신의 건강을 보호하고 증진하는 데 필요한 최적의 보건의료서비스를 받아야 합니다(군보건의료법 제5조 제1항).

다. 건강검진

국방부장관은 군인 등의 건강을 보호하고 질병을 예방하기 위하여 군인 등이 전역 또는 퇴직하기 전까지 1회 이상의 건강검진을 실시하여야 합니다(군보건의료법 제16조). 현역병의 경우 상병 진급 예정일 3개월 전부터 상병 진급일 후 3개월까지의 기간에 하여야 합니다(군보건의료법 시행령 제10조 제2항 제1호).

라. 미세먼지에 따른 외부활동 제한 등

지휘관은 그 부대가 활동하는 지역의 「미세먼지 저감 및 관리에 관한 특별법」 제2조 제1호에 다른 미세먼지 농도가 대기오염경보 발령 기준 이상일 경우 작전임무수행을 제외한 외부활동을 제한하고 개인보호장구를 지급하는 등 필요한 조치를 취하도록 노력하여야 합니다(군인복무기본법 제17조의2 제1항).

무상의료 원칙

가. 원칙

현역군인은 전상·공상·비공상을 불문하고 군 보건의료기관에서 입원, 외래 및 응급진료를 무상으로 제공받을 수 있습니다.

나. 본인 부담의 경우

다만, 자비부담위탁검사 시 본인부담금 및 치과 임플란트 등 국방부 장관이 별도로 정하는 항목에 대해서는 본인부담금을 부담하여야 합니다(국방환자관리훈령 제7조 제1항).

다. 전공상 아닌 질병·부상의 경우

　건강보험요양기관으로 등록된 군 보건의료기관장은 공무와 연관성이 없는 질병·부상을 입은 현역간부의 공단부담금을 건강보험심사평가원으로 청구 후 징수금은 국고에 불입하여야 합니다(국방환자관리훈령 제7조 제2항).

라. 단순 외모개선 치료 불가

　군 보건의료기관에서는 복무나 병영생활에 지장이 없는 질환에 대한 치료 및 신체의 기능개선 목적이 아닌 단순 외모개선을 위한 치료는 불가합니다(국방환자관리훈령 제7조 제3항).

군 기본 의료체계

가. 군 의료용어

군보건의료기관	"군보건의료기관"이라 함은 군병원, 사단급 이하 의무시설, 직할부대 의무실 등 환자를 진료하는 모든 의무시설을 말한다.
군병원	"군병원"이란 국군의무사령부 소속병원, 해군포항병원, 해양의료원, 항공우주의료원을 말한다.
사단급	"사단급"이란 해군의 경우 함대급, 공군의 경우 단급 이상 부대를 말한다.
환자후송	"환자후송"이란 환자가 부상 또는 발병한 지점이나 현재 진료를 제공받고 있는 시설로부터 더 적절한 진료를 제공받을 수 있는 상급 의무시설로 이동시키는 것을 말한다.
환자전원	"환자전원"이란 진료 수준이 동일한 동급 병원 간에 환자를 적절히 분산시킬 목적으로 이동시키는 것을 말한다.
민간의료기관 진료비 지원	"민간의료기관 진료비 지원"이란 민간의료기관을 이용한 현역병 등에게 본인부담금 일부를 지원하여 진료비 부담을 경감하는 제도를 말한다.
민간기관 위탁진료	"민간기관 위탁진료"란 민간의료기관을 이용한 장병에게 진료비를 지원해주는 위탁치료와 위탁검사, 민간약국을 이용한 장병에게 조제비를 지원하는 위탁조제로 구분된다.

나. 대대/연대 의무실

의무실은 병사들이 가장 먼저 접하는 의료시설입니다. 여기서는 간단한 감기, 소화불량, 근육통 등 기초적인 진료와 투약이 이루어집니다. 의무병과 군의관이 상주하며, 필요한 경우 상급 의료기관 진료 여부를 결정합니다.

다. 사단 의무대

보다 전문적인 진료가 필요한 경우 이용하는 시설입니다. 내과, 정형외과 등 기본적인 전문의가 있으며, X-ray 촬영, 혈액검사 등 기본적인 검사가 가능합니다. 3-4일 정도의 단기 입원 치료도 가능합니다.

라. 군 병원

가장 전문적인 치료가 가능한 최상위 군 의료시설입니다. 대부분의 전문과 진료가 가능하며, 수술이나 장기 입원이 필요한 경우 이용합니다. 국군수도병원, 군 의무사령부 예하 병원 등이 있습니다.

군 의료기관	기 능
육군 대대급/연대급, 해·공군 의무대	- 응급처치 및 진료지원 - 상급 의료기관/민간병원 응급환자 후송 - 질병예방, 이등병 건강상담
육군 사단급 의무대, 해군 함대급 의무대/ 공군 의무전대	- 응급진료 및 전문과목 외래진료(국소마취로 이루어지는 소수술 포함) - 건강증진 및 건강검진
국군수도병원	- 응급진료 및 전문과목 외래진료 - 입원 및 수술 - 건강증진 및 건강검진 - 중증 질환에 대하여 전문적·특화된 진료지원
국군대전병원, 국군양주병원	- 응급진료 및 전문과목 외래진료 - 입원 및 요양, 수술 - 건강증진 및 건강검진
기타 군 병원	- 응급진료 및 전문과목 외래진료(국소마취로 이루어지는 소수술 포함) - 입원 및 요양 - 건강증진 및 건강검진
공군 항공우주의료원, 해군 해양의료원	- 항공우주의료원: 항공의학 분야에 전문적이고 특화된 진료지원 및 연구기능 - 해양의료원: 해양의학 및 잠수의무 분야에 전문적이고 특화된 진료지원 및 연구기능

군 주요 의료 서비스

가. 기본진료

기본진료는 감기, 소화불량, 두통 등 일반적인 증상이나 피부질환, 근육통 등 흔한 질환을 진료하는 것을 말합니다. 간단한 상처를 치료하고 및 붕대를 교체하며 일반의약품을 처방하는 등 대대/연대 의무실에서 행해지는 기초적 의료 서비스입니다.

나. 전문진료

군대에서 현역병들이 자주 찾는 진료과목은 다음과 같습니다.

(가) 정형외과
현역병들이 훈련이나 체력단련 중에 발생하는 근골격계 부상 치료를 위해 정형외과를 가장 많이 찾습니다. 염좌, 골절, 인대 손상 등이 대표적 부상입니다. 행군으로 인한 무릎 통증과 발목 부상도 많습니다.

(나) 내과

급성 호흡기 질환(감기, 독감 등) 치료를 위해 내과를 많이 찾게 됩니다. 소화기 질환(위염, 장염 등)이나 단체생활로 인한 전염성 질환 예방과 치료를 위해서도 내과를 많이 찾게 됩니다.

(다) 피부과

군 생활 중 땀으로 인한 피부염, 습진과 군화나 군복으로 인한 피부 마찰 문제로 피부과를 찾게 됩니다.

(라) 치과

충치나 잇몸질환 치료, 사랑니 발치 등 구강검진 및 치아 관리를 위해 치과도 자주 찾는 편입니다.

(마) 정신건강의학과

군 생활에서 오는 스트레스, 우울증 등으로 인해 정신건강의학과를 찾는 현역병들이 늘어나는 추세입니다.

(바) 이비인후과

군 생활 중 상기도 감염 등 치료나 훈련 중 발생하는 청력 문제를 진료하기 위해 이비인후과를 찾는 현역병들이 많은 편입니다.

다. 예방의료

6개월이나 1년 주기로 정기 건강검진을 하고 있으며, 독감이나 간염 예방을 위해 예방접종을 실시하고 있습니다. 또한 전염병 예방, 개인 위생 관리를 위해 보건교육을 강화하고 있습니다.

일반적 군 진료 절차

가. 평일 진료

아침 일과 시작 전, 보통 6:30-7:00 사이에 분대장이나 소대장에게 진료를 신청합니다. 의무실에서 진료신청서를 작성하고, 지휘관의 승인을 받은 후 진료를 받게 됩니다. 긴급하지 않은 경우 일과시간에 맞춰 진행됩니다.

나. 군 병원 입원 절차(국방환자관리훈령 제9조)

- **진단서 발급**

군 병원에 입원하려면 우선 군 병원장이 발행한 〈진단서〉가 있어야 합니다. 실제로는 담당 군의관이 발행합니다. 질병·부상으로 군 병원에 가서 입원을 권고받을 정도라면 담당 군의관이 진단서를 발행해

주므로, 진단서를 어떻게 발급받을지 걱정할 필요는 없습니다.

■ 입원명령 발령 및 발병경위서 제출

소속부대장이 소속부대원을 군 병원에 입원시켜 치료를 받게 하려면 입원명령을 발령하고, 군 병원에 발병경위서를 제출해야 합니다. 발병경위서는 아래와 같습니다. 발병경위서는 훗날 재해보상/보훈보상/손해배상 등의 중요한 근거가 되므로 6하 원칙에 따라 자세히 구체적으로 작성해야 합니다. 통상, 소속대 간부가 작성하게 되는데, 과거에는 사고의 책임 부담 등을 고려해 전혀 엉뚱한 내용으로 허위기재하는 경우도 있습니다. 따라서, 발병경위서가 작성되면 그 내용을 미리 확인해 둘 필요가 있습니다. 사고 직후 경황이 없어 보지 못하는 경우에는 나중에라도 착오기재된 부분이 있으면 정정해 줄 것을 요구해야 합니다.

▲ 군의관이 없는 단위부대 장병의 입원

군의관이 없는 단위부대 장병의 경우, 입원할 군병원장이 발행한 진단서를 근거로 소속부대장이 입원명령을 발령합니다. 마찬가지로 발병경위서를 작성·제출해야 합니다.

■ 국방 환자관리 훈령 [별지 제13호 서식] 〈개정 2019.12.31.〉							
발병경위서							
계 급		군 번			성 명		
병 과 주 특 기		직 책			원 소 속		
생년월일		입대년월일			복무기간		년 월
현 주 소							
발병일시		년 월 일 시 분			발병장소		
병명(진단명)							
발병원인 및 경위 (6하원칙에 따라 구체적으로 기술) ※ 입소 전 건강(정신질환 포함)과 관련한 병력 사항 반드시 기재							
목 격 자	직책		계급		성명		(인)
지 휘 관	질병·부상과 공무(교육훈련, 직무수행, 부대활동 등)의 연관성* : 유[ ] 무[ ] 판단불가[ ]						
	직책		계급		성명		(인)

제5장 • 군 의료제도

위와 같이 발병경위서를 제출합니다

년 월 일

○○부대장   계급   성명   (관인)

* 군보건의료기관 진료와 관련된 행정 처리를 위한 용도로 활용되며, 전·공상 판정, 치료비 및 휴업보상금 지급(예비군) 등은 별도의 심의를 통해 결정

210mm×297mm[백상지 80g/㎡]

응급 시 군 진료 절차

가. 군 응급환자 입원 절차

(가) 3근무일 이내 발병경위서 첨부하여 입원명령 발령

(나) 타병원 응급후송 요하는 환자: 개인의무기록 지참, 후송 또는 전원 조치

(다) 휴가·외출·외박·출장 중 응급입원 요하는 자: 군병원장이 입원명령 발령, 48시간 이내 원 소속부대장에게 통보

(라) 출항 중 함정 응급환자: 구비서류 5근무일 이내 환자 입원 병원에 송부

(마) 영외에서 부득이한 사유로 민간병원 입원한 자: 응급처치 후 이송이 가능할 경우 지체 없이 군 병원 이송

나. 군 병원 후송 및 전원

(가) 전·평시 환자후송 방침(국방환자관리훈령 제31조 [별표 3])

구분	평시		전시	비고
	의무후송방침	연장기간		
연대의무중대	7일		36시간	단위대의무실 포함
사단의무근무대	14일	10일	3일(72시간)	
이동외과병원			7일	
군단지원병원 군지원병원	장기 (환자진료 종결)		15일	의무조사권 부여 병원
후방병원			장기 (환자진료 종결)	

(나) 환자후송 제한(국방환자관리훈령 제29조)

의무조사 보고된 자 후송 및 전원 제한됩니다. 군 병원으로의 집단 및 개별 후송은 국군의무사령관 통제하 실시합니다.

(다) 항공의무후송 대상

즉각적 전문처치가 필요한 응급환자 또는 중환자, 구급·항공구조(호이스트 활용) 필요한 환자, 산악지형 등 구급차 접근이 곤란한 지역의 환자, 교통두절, 교통체증으로 인하여 항공의무후송 이외의 수단으로는 후송이 곤란한 환자, 국가적 재난 및 대형사고 환자, 응급상황의 민간 환자가 대상이 됩니다.

(라) 항공의무후송 절차

국군의무사령부 의료종합상황센터로 지원을 요청하고, 의료종합상황센터는 의무후송항공대에 항공의무후송을 지시합니다.

군 병원 퇴원 절차
(국방환자관리훈령 제3장)

가. 신체검사 및 기록(국방환자관리훈령 제23조)

(가) 신체등급 4급 이상자

군 병원장은 입원환자 중 진료종결된 자에 대해 신체검사를 실시하여 복무 적격으로 판정된 4급 이상자는 퇴원 조치합니다. 담당 군의관은 퇴원환자에게 건강정보지를 발부합니다. 건강정보지에는 신체급수, 부대 내 권장사항, 부대 내 제한사항, 퇴원 후 주의사항, 외래진료일 등을 포함합니다(1항)(현재 병역법 제14조 및 동조의 위임에 따른 「병역판정검사 실시 공고」(병무청공고 제2024-1호)에 의하면 입대 전 병역판정검사를 통해 신체등급 4급을 부여받은 자는 보충역 대상자가 되나, 입대 후에는 병역법 제65조, 동법 시행령 제137조 제1항 제1호에 따라 신체등급 5급 또는 6급만 복무부적격자일 뿐, 원칙적으로 신체등급 4급을 부여받은 사람은 복무 적격자로 분류되어 계속 복무하게 됩니다. 다만, 그럼에도 불구하고 심신장애로 인하여 현역으로 복무하는 것이 적합하지 않은 사람은 군인사법 제37조 제1항 제1호에 따른 전역심사위원회 심사를 거쳐 현역에서 전역시킬 수 있습니다).

(나) 신체등급 7급(또는 재검자)

신체검사 결과 7급(또는 재검자) 중 더 이상 입원치료가 필요치 않으며, 단기간 동안 단순 외래 경과관찰 또는 통원치료를 통해 진료 종결 내지 최종 신체 등위 판정이 가능한 경우(의무조사 대상 가능성이 있는 자는 제외) 부대 복귀 후 근무 가능 여부를 판단하여 퇴원 조치합니다. 퇴원을 하는 경우 담당 군의관은 해당 환자의 최종 상태에 대해 외래 경과 관찰 중 외래진료기록지에 재판정한 신체등위를 기록하고 환자에게 소견서와 건강정보지를 발부합니다(2항).

(다) 신체검사 기록

병(지원에 의하지 아니하고 임용된 하사 포함)은 「병역판정 신체검사 등 검사규칙」을 적용하여 신체검사를 실시한 후 신체검사 결과를 병상일지에 신체 각 과별 평가 및 종합체격 등위를 기재하고, 병적기록표의 입원기록란에는 병명 및 발병원인 등 기타 필요한 사항을 기재합니다. 또한, 퇴원상신서 1부, 건강정보지 1부, 퇴원명령지 1부를 원 소속부대장이 참고하도록 합니다. 다만, 4급 판정자는 명령지 비고란에 주특기 재분류자로 기록합니다(4항).

나. 병의 주특기 재분류(국방환자관리훈령 제24조)

(가) 4급 및 기타 장애(정신질환 3급)

병의 경우 체격등위 4급으로 퇴원한 자와 기타 장애(정신질환 3급)로 현 특기를 수행할 수 없다고 판단되는 자에 대해서는 병원장이 주특기를 재분류하여 퇴원조치합니다(1항).

(나) 면담 실시 후 보직 부여

소속부대장은 주특기가 재분류된 자에 대해 면담을 실시한 후 임무수행이 가능한 보직을 부여하여 반복입원 사유가 되지 않도록 해야 합니다(2항).

다. 퇴원명령 발령(국방환자관리훈령 제25조)

(가) 군 병원에서 퇴원하는 장병은 원대 복귀함을 원칙으로 하되, 각 군의 특수성을 고려하여 다음과 같이 퇴원명령을 발령합니다(1항).

(나) 야전(지작사) 지역 군 병원은 원 소속부대로 퇴원명령을 발령합니다.

(다) 후방지역 군 병원의 경우 육군 지작사, 2작사, 군수사 및 육직부대 요원은 원 소속부대로 퇴원명령을 발령하고, 피교육 중 입원되었다가 퇴원하는 장병은 입원 전 소속 학교 또는 교육대로 퇴원명령을 발령하고, 해외파견자의 경우 인사사령부로 퇴원명령을 발령합니다. 외국군 부대 근무자와 만기전역일 초과 또는 임박자도 원 소속부대로 퇴원명령을 발령합니다.

(라) 해군의 경우, 해군부대 요원 중 장교 및 준사관은 해군본부로, 부사관 및 병은 원대 복귀하도록 퇴원명령을 발령합니다. 해병부대 요원의 경우 장교 및 준사관은 해병대사령관로, 부사관 및 병은 원 소속부대로 퇴원명령을 발령합니다.

(마) 공군의 경우, 장교·준사관·부사관은 입원기간 6개월 이내이면 원 소속부대로, 입원기간 6개월 이상이면 공군본부로 퇴원명령을 발령하고, 병의 경우 원 소속부대로 퇴원명령을 발령합니다.

민간병원 이용

가. 현역병의 민간병원 이용현황

(가) 민간병원 외래진료 연 110만 건

민간병원 외래진료는 2022년 100만 건이 넘습니다. 현역병사를 30만 명으로 볼 경우 현역병사 1명이 1년에 약 3번 정도 민간병원 외래진료를 받는 것입니다.

(나) 민간병원 입원 연 4만 건

민간병원 입원진료는 2022년 4만 건이 넘습니다. 현역병사를 30만 명으로 볼 경우 현역병사 10명 중 1명 이상이 민간병원에 입원진료를 받는다는 뜻입니다.

연도	계	유형별	
		입원	외래
2013	1,035,267	16,744	680,759
2014	1,273,725	23,421	845,100
2015	1,168,173	24,479	781,390
2016	1,414,360	29,470	953,529
2017	1,656,911	35,730	1,120,462
2018	1,846,751	36,809	1,273,884
2019	1,941,290	36,092	1,353,801
2020	1,535,657	32,864	1,046,485
2021	1,338,423	30,900	915,573
2022	1,602,393	41,155	1,081,093

〈군 병원 진료 현황(단위: 건)(출처: 2023 국방통계연보)〉

나. 현역병의 민간병원 외래·검사 목적의 외출/외박

(가) 외래·검사 목적 외출/외박 신청

군 복무 중 질병·부상을 입을 경우 군 의료기관을 이용할 수도 있지만, 질병·부상의 특성이나 개인의 선호에 따라 민간 의료기관에서 진료·검사를 받을 수도 있습니다. 복무 중인 현역병이 민간병원에서 외래진료를 받거나 외래검사를 받으려면 「부대관리훈령」 제56조 내지 제66조에 따라 외출/외박을 신청해야 합니다. 이 경우 소속부대장은 **지역 내 민간요양기관을 우선 이용**하는 것을 원칙으로 외출/외박을 허가할 수 있습니다. 다만, 지역 내에서 민간요양기관 이용이 어려운 부대에 한해 군인복무기본법 시행령 제38조 제2항 및 제3항에 따라 해당 부대장이 승인한 지역의 민간요양기관을 이용하도록 조치할 수 있습니다(진료목적 청원휴가 훈령 제8조 제2항).

(나) 횟수 제한 없음!
민간병원에서 외래·검사를 하기 위해 청원휴가를 신청할 경우 그 횟수에 제한은 없습니다.

다. 현역병의 민간병원 외래·검사 목적의 청원휴가

(가) 외래·검사 목적의 청원휴가 신청
군 복무 중 민간병원 외래진료·외래검사를 받으려면 위에서 본 바와 같이 외출/외박을 신청하는 것이 보통이겠지만, 상당한 시간이 필요한 경우 군인복무기본법 시행령 제12조 제1항 제1호 전단에 따라 청원휴가의 일종인 병가를 신청할 수도 있습니다(진료목적 청원휴가 훈령 제8조 제1항 단서).

(나) 요건
다만, 다음과 같은 요건이 필요합니다.
① 첫째, 군 병원 또는 민간요양기관 진료 시 상급종합병원으로 진료

의뢰되는 경우(민간위탁진료 대상 해당 여부를 군 병원에 확인함)
② 둘째, 수술 등으로 인한 입원을 위해 병가를 승인받았던 현역병 등이 치료 경과 확인을 위해 입원했던 병원을 재방문하는 경우(단, 2회 초과 시 병가심의원회에서 적절성을 판단하며, 진단서상 2회 초과하는 치료경과 확인이 명시된 경우에는 심의대상에서 제외할 수 있음)
③ 셋째, 지역 내 또는 인접 민간요양기관을 이용할 수 없는 특수질환에 대한 진료 등 외출·외박으로 외래·검사를 받을 수 없는 경우(단, 이 경우 병가심의원회에서 적절성 판단함)

라. 현역병의 민간병원 입원 절차

(가) 민간병원 입원 목적의 청원휴가 신청

영내의 현역병이 민간병원에 입원하려면 군인복무기본법 시행령 제12조 제1항 제1호 전단에 따라 청원휴가의 일종인 병가를 신청해야 합니다. 이때 해당 진료과목별 전문의에 의한 진료를 거친 후 진단서(소견서)를 첨부해야 합니다(진료목적 청원휴가 훈령 제8조 제1항 본문).

(나) 소속부대장 허가

소속부대장은 영내의 현역병이 민간병원에 입원하기 위해 군인복무기본법 시행령 제12조 제1항 제1호 전단에 따라 청원휴가를 신청하면 진단서(소견서)의 내용과 이동 거리, 소속(지원) 군의관의 의견 등을 고려하여 10일의 범위 내에서 허가를 하되, ① 질병 또는 부상의 정도에 따라 진단, 처치 및 수술에 있어 1회 입원기간이 10일을 초과하여 계속 입원이 필요한 환자 ② 10일 이내에 군 병원으로 이송이 불가능하다고 인정되는 중환자 ③ 이송으로 인해 병세가 악화될 우려가 있는 환자에 해당하는 경우에는 추가로 20일 범위 내에서 연장할 수 있습니다(진료목적 청원휴가 훈령 제8조 제4항).

- 소속부대장은 영내의 현역병 등이 민간병원 진료 시 진료비 중 본인부담금은 자비로 지불하고, 비급여를 제외한 본인부담금 중 일부를 환급받을 수 있음을 사전에 서면으로 고지하고 서명하도록 해야 합니다(진료목적 청원휴가 훈령 제8조 제5항).

(다) 출타 중인 현역병 등의 민간병원 입원
1) 병가가 아닌 외출, 외박, 휴가 기간 중 민간병원에 입원하여 진료를 받고자 하는 현역병은 소속부대장의 승인을 얻어야 하며, 응급환자 등 불가피한 사정으로 입원 전에 승인을 얻지 못한 경우에는 입원 후 지체 없이 승인을 얻어야 합니다. 이 경우 의사의 소견과 입원 예정기간이 명시된 민간병원의 진단서(소견서)를 첨부하여 소속부대장에게 제출해야 합니다(진료목적 청원휴가훈령 제9조 제1, 2항).
2) 입원을 승인한 소속부대장은 승인을 얻고자 하는 당해 현역병의

입원기간이 10일까지인 경우에는 소속부대에서 병가를 허가하고, 입원기간이 10일을 초과하는 경우에는 민간병원 진단서(소견서), 의무기록사본(진료기록지)를 포함하여 현역병의 소속부대를 지원하는 군 병원으로 요양심사를 의뢰하여야 합니다(진료목적 청원휴가훈령 제9조 제3항).

3) 군 병원장은 요양심사가 의뢰된 현역병에 대하여 지체 없이 요양심사위원회의 요양심사를 거쳐 군 병원의 진료능력(국군수도병원 기준) 및 환자 상태를 판단하고, 군 병원에서 진료 가능하고 환자의 이동이 가능한 상태인 경우에는 즉시 군 병원으로 입원조치 하고, 군 병원에서 진료가 가능하지만 환자의 이동이 불가능한 경우에는 병가를 연장하며, 군 병원 진료능력을 초과(국군수도병원 기준)하는 경우에는 민간요양기관 위탁진료를 승인하여야 합니다(진료목적 청원휴가훈령 제9조 제4항).

4) 군 병원 요양심사위원회의 요양심사 결과 군 병원으로 입원조치 하여야 함에도 개인의 의사로 민간요양기관에 계속 입원하는 경우 해당 기간은 연가로 처리하게 됩니다(진료목적 청원휴가훈령 제9조 제5항).

5) 소속부대장은 출타 중인 현역병이 감염병에 걸려 다른 군인의 건강에 영향을 줄 수 있는 경우에는 병가를 허가할 수 있습니다(진료목적 청원휴가훈령 제9조 제6항).

(라) 요양 및 입원기간

1) 군인복무기본법 시행령 제12조 제1항 제1호 전단에 따른 병가의 기간은 연간 30일 이내입니다(진료목적 청원휴가훈령 제10조 제1항 본문).

2) 다만, 소속부대장은 군인복무기본법 제12조 제1항 제1호 단서에 따라 군 병원 요양심사위원회 심사를 거쳐 연간 30일을 초과하는 병가를 허용할 수 있습니다(진료목적 청원휴가훈령 제10조 제1항 단서).

3) 현역병의 민간병원 입원기간은 10일 이내로 합니다. 다만, 다음 각 호에 해당하는 경우에는 요양심사위원회의 요양심사를 거쳐 입원기간을 연장할 수 있습니다(진료목적 청원휴가훈령 제10조 제2항).

① 질병 또는 부상의 정도에 따라 진단, 처치 및 수술에 있어 1회 입원 기간이 10일을 초과하여 계속 입원이 필요한 환자
② 10일 이내에 군 병원으로 이송이 불가능하다고 인정되는 중환자
③ 이송으로 인해 병세가 악화될 우려가 있는 환자

(마) 민간병원 퇴원자에 대한 신체검사

1) 소속부대장은 민간병원에서 퇴원한 현역병이 의무조사 대상이거나 주특기 변경 등 필요한 경우에 한하여 가장 가까운 군 병원에 퇴원 신체검사를 의뢰합니다. 이때 민간병원 진료기록 및 발병경위서를 첨부하여야 합니다(진료목적 청원휴가훈령 제12조 제1항).

2) 군 병원장은 현역병의 신체검사 결과 군 복무에 부적합한 경우 즉시 군 병원에 입원조치하고 군 병원 입원일로부터 3개월 이내에 의무조사를 실시합니다(진료목적 청원휴가훈령 제12조 제2항).
3) 군 병원장은 의무조사가 필요한 현역병에게 민간병원의 입원기록을 제출하도록 하고 「군 의무기록 관리 훈령」에 따라 관리해야 합니다(진료목적 청원휴가훈령 제12조 제3항).

〈현역병의 민간병원 입원/외래/검사를 위한 청원휴가/외출/외박 제도 정리〉

진료 유형	제도	근거	내용	요건
외래 · 검사	진료 목적 외출 · 외박	진료목적 청원휴가 훈령 8조 2항	소속부대의 장(군 병원장을 포함한다.)은 영내의 현역병 등이 **민간요양기관**에 **외래·검사**를 요청한 경우에는 **지역 내 민간요양기관을 우선 이용**하는 것을 원칙으로 「부대관리훈령」 제56조 내지 제66조에 따라 외출·외박을 허가할 수 있다.	1. 병원진료 목적 2. 지역 내 우선 원칙 3. 외박은 도서 지역 등 당일 진료가 불가능한 지역 한정 4. 지역 내 민간요양기관 이용이 어려운 부대, 해당 부대장이 승인한 지역의 민간요양기관 이용 가능
	절차: 지휘관 승인 한도: 횟수 무제한, 일과시간부터 점호시간까지, 외박은 48시간 이내			
	병가	진료 목적 청원휴가 훈령 8조 1항 단서	다만 다음 각 호의 어느 하나에 해당하는 경우에는 **외래·검사**도 병가를 허가할 수 있다. 1. 군 병원 또는 민간요양기관 진료 시 **상급종합병원**으로 **진료 의뢰**되는 경우(민간 위탁진료 대상 해당여부를 군 병원에 확인)	1. 상급종합병원으로 진료 의뢰 시 2. 기 병가 승인 인원이 치료 경과 확인 목적으로 요청하는 경우 3. 지역 내 또는 인접 민간요양기관을 이용할 수 없는 특수질환에 대한 진료 등

진료유형	제도	근거	내용	요건
	병가	진료목적 청원휴가 훈령 8조 1항 단서	2. 수술 등으로 인한 입원을 위해 병가를 승인받았던 현역병 등이 **치료 경과 확인을 위해 입원했던 병원을 재방문**하는 경우. 단, **2회 초과 시** 제14조의 병가심의위원회에서 적절성을 판단하며, 진단서(소견서) 상 2회 초과하는 치료경과 확인이 명시된 경우에는 심의 대상에서 제외할 수 있다. 3. 지역 내 또는 인접 민간요양기관을 이용할 수 없는 **특수질환**에 대한 진료 등 외출·외박으로 외래·검사를 받을 수 없는 경우. 단, 이 경우 제14조의 병가심의위원회에서 적절성을 판단한다.	1. 상급종합병원으로 진료 의뢰 시 2. 기 병가 승인 인원이 치료경과 확인 목적으로 요청하는 경우 3. 지역 내 또는 인접 민간요양기관을 이용할 수 없는 특수질환에 대한 진료 등
			절차: 지휘관 승인 한도: 연 30일, 30일 초과 시 요양심사위원회 심사 필요	
입원	병가	진료목적 청원휴가 훈령 8조	소속부대의 장(군 병원장 포함)은 영내의 현역병 등이 **민간요양기관에 입원**하기 위해 「군인의 지위 및 복무에 관한 기본법 시행령」제12조 제1항 제1호 전단에 따라 병가를 요청한 경우에는, 현역병 등이 **군 병원** 또는 **민간요양기관** 해당 **진료과목별 전문의**에 의한 **진료**를 거친 후, **진단서(소견서)**를 첨부하여야만 병가를 허가할 수 있다.	1. 군 병원 또는 민간요양기관 해당 진료과목별 전문의에 의한 진료를 거친 후, 진단서(소견서) 첨부
			절차: 지휘관 승인 한도: 연 30일, 30일 초과 시 요양심사위원회 심사 필요	

현역병에 대한 의무조사
(의병전역)

가. 의무조사 보고대상(국방환자관리훈령 제48조 이하)

군 병원장은 현역병이 복무 중 전상·공상·질병 또는 심신장애를 입은 경우 신체검사를 실시한 후 신체등급이 5, 6급에 해당하는 자는 각 군 전역심사위원회에 보고하여야 합니다(국방환자관리훈령 제48조, 군인사법시행규칙 제53조 제2항, 병역법시행령 제137조 제1항 제1호).

군 병원장은 현역병 중 「병역판정 신체검사 등 검사규칙」에 의한 5급 및 6급에 해당하는 자에 대하여는 각 군 본부 보통전공사상심사위원회에 별도 보고하여야 합니다(국방환자관리훈령 제48조 제3항).

나. 의무조사 보고서

군 병원장은 의무보고 대상자에 대하여 신체검사를 실시한 후 신체등급 5, 6급에 해당하는 현역병에 대하여 아래와 같이 보고서를 작성한 후 각 군 전역심사위원회에 보고합니다(국방환자관리훈령 제48조 제1항).

■ 국방 환자관리 훈령 [별지 제8호 서식] 〈개정 2024. 2. 1.〉							
의무조사보고서							
[표지]							[앞면]
환자 인적 사항	(1) 원 소속		(2) 계급(호봉)		군번		성명
	(3) 병과 또는 주특기	생년월일	입대(임관 또는 임용)일		주민등록번호		임관 또는 임용 구분
	초입원일	전입일	복무기간		입원기간		
	본 적						
	현주소						
발병 및 전공 상 구분	(6) 초진단명						
	발병일시	년 월 일 시 분		(7) 발병장소			
	발병원인						
	(8) 전공상 구분	[ ]전상 [ ]공상 [ ]비전공상 전공상 분류기준표 제( )항에 해당					
	(9) 발병경위(6하 원칙에 따라 구체적으로 기술하시오.)						

[이면]

진단 및 소견	(10) 기능장애 도시:
	X-선 도시:
	(11) 최종 진단명:
	(12) 기왕증 및 가족 병력:
	병력:
	(13) 현 증세:
판정	감사소견:
	혈압(수축기/이완기):
	향후 치료:
	예후: [ ] 불구 [ ] 불치 [ ] 빈번한 재발

210mm×297mm[백상지 80g/㎡]

■ 국방 환자관리 훈령 [별지 제8호 서식] 〈개정 2024. 2. 1.〉

[뒷면]

판정	심신장애 등급(법규조항, 역종, 장애등급) 병역판정 신체검사 등 검사규칙(국부령 제 호)에 따라 제 급 군인사법시행규칙(국부령 제 호)에 따라 제 급
	장애보상등급(법규조항, 보상등급) 군인재해보상법 시행규칙에 따라 제 급
	상이연금 대상 소견: [ ] 대상 [ ] 비대상 군인재해보상법 시행령 제31조 별표2에 따라 제 급 ※ 위 상이등급은 현 장해상태에 대해 군병원에서 판정한 상이등급이며, 상이연금 지급대상 여부 및 최종 상이등급은 국방부 군인재해보상심의회에서 정함.
	보훈대상 여부(전시에 한함.): [ ] 대상 [ ] 비대상 - 상이등급 구분표 제 항 해당(급) - 비해당 사유: [ ] 비전공상 [ ] 집령 [ ] 등급미달
의무조사에 대한 본인의 의견: [ ] 동의 (서명 또는 인) [ ] 부동의 (서명 또는 인)	

「군인재해보상법」에 따른 공무상요양비[ ], 상이연금[ ], 장애보상금[ ]에 대하여 안내를 받았음.			
성명　　　(서명 또는 인)			
위와 같이 의무조사 보고함.　　　　　　　　　　　　　　　　년 월 일			
국군(　　　　)병원			
담당군의관	계급 :	성명	(서명 또는 인)
담당 과장	계급 :	성명	(서명 또는 인)
원무처(과)장	계급 :	성명	(서명 또는 인)
담당 처장	계급 :	성명	(서명 또는 인)
진료부장	계급 :	성명	(서명 또는 인)
병 원 장	계급 :	성명	(서명 또는 인)

보고서 작성 방법

1. (1) 원소속: 고유명칭으로 중대급까지 기재
2. (2) 호봉: 전역예정 월 기준 호봉
3. (3) 병과 또는 주특기: 장교, 준사관은 임관연월일, 장·단기복무부사관은 임용연월일, 병(지원에 의하지 아니하고 임용된 하사 포함)은 입대연월일
4. (4) 복무기간: 입대(임관 또는 임용)일자부터 초입원 전일까지의 기간
5. (5) 입원기간: 최초 입원일부터 최종 처리될 때까지의 기간(전입환자인 경우는 전입 전 입원기간 모두 포함)
6. (6) 초진단명: 입원 당시 진단명 및 변경 진단명을 기재하되 한국표준질병사인분류표의 진단명으로 기재함.
7. (7) 발병장소: 리 또는 동단위까지 기재한다.
8. (8) 전공상구분: 이전에 같은 발병원인 및 상병명으로 각군 본부 및 국방부에서 전공상심사가 진행된 결과가 있는 경우, 해당란의 [ ]안에 ○표 한다.
9. (9) 발병원인 및 경위: 공무상병인증서 또는 발병경위서의 내용을 기재한다.(원무과장이 작성)
10. (10) 기능장애 및 X-선도시: 의무조사 보고 작성관이 도시한다.
11. (11) 최종진단명: 의무조사시 존재하는 최종진단명을 기재한다.
12. (12) 기왕증 및 가족병력: 입대(임관 또는 임용)후 발병내역을 기재한다.
13. (13) 현증세: 현재의 증상 및 장애정도를 기재한다.
14. (14) 검사소견: 혈액, 뇨, X-선소견, 특수검사 소견을 기재한다.(장애정도 예후 판정에 주요 영향을 주는 검사소견은 검사번호를 기재)

※ 상이연금 대상 여부 및 상이등급은 국방부 군인연금급여심의회에서 최종 결정함.

210mm×297mm[백상지 80g/㎡]

다. 의무조사대상자에 대한 병역처분변경조치

군 병원에서 의무조사를 거친 결과 신체등급이 5급 또는 6급에 해당하는 현역병은 「병역법 시행규칙」 제97조 제1항의 병역처분변경심사위원회 심사를 거쳐 신체등급이 5급인 경우에는 전시근로역에 편입하고, 6급인 경우에는 병역면제 처분을 합니다(병역법 시행령 제137조 제1항 제1호).

1. 의료체계 단계별 구분			
단계	시설	주요기능	특징
1단계	대대/연대 의무실	기초진료 응급처치	최초 진료접점
2단계	사단 의무대	전문의 진료 기본검사	단기 입원 가능
3단계	군 병원	전문치료 수술/입원	종합의료지원

2. 진료절차	
일반진료	1. 진료신청 2. 상급자 승인 3. 의무실 방문 4. 진료/처방
응급진료	1. 즉시 상급자 보고 2. 의무실 응급연락 3. 응급처치/후송 4. 상급의료기관 이송

3. 의료 서비스 종류	
기본진료	감기/소화불량 외상치료 기초 투약
전문진료	정형외과 내과/외과 치과 진료
예방의료	건강검진 예방접종 보건교육

4. 민간병원 이용	
이용조건	군병원 진료 제한 시 응급상황 특수진료 필요시
의료비 지원	건강보험 적용 본인 부담금 지원 응급진료비 전액 지원

제6장

현역부적합 심사제도

현역부적합심사의 뜻

군에서 복무 중 **전상·공상·질병 또는 심신장애인 경우 군병원에서 신체검사를 하여 5급 또는 6급에 해당되는 사람은 심사를 거쳐 신체등급이 5급인 경우에는 전시근로역에 편입**하고, 6급인 경우에는 병역면제 처분을 하게 됩니다. 그런데, 신체등급 판정이 곤란한 질병이 있거나 **정신적 장애** 등으로 인하여 계속 복무하는 것이 적합하지 아니하다고 인정되는 현역병(전환복무에 따라 복무 중인 사람, 상근예비역 또는 사회복무요원도 해당됩니다)과 외관상 명백한 신체적 장애가 있는 사람에 대하여는 **신체검사를 거치지 아니하고 병역처분을 변경**할 수 있습니다(병역법 제65조 제11항). 이처럼 신체검사를 거쳐 전시근로역이나 병역면제 처분을 하는 절차를 '**의무조사**'라 하고, 신체검사를 거치지 아니하고 현역병의 병역처분 변경여부를 심사하는 절차를 소위 '**현역부적합심사(약칭: 현부심)**'라 합니다.

현역부적합심사 대상

(1) 정신질환 증상자
(2) 군 복무적응 곤란자
(3) 군 복무곤란 질환자

구비서류

가. 공통

지휘관 확인서(연·대대장 중 1인), 동료 확인서(2인), 병영생활지도기록부, 병영생활전문상담관 의견서, 군의관 진료기록(소견서, 진단서, 발급제한 시 진료내역서) 또는 병무청 지정병원에서 발행한 '병무용 진단서', 병역심사관리대 관찰기록. 기타 필요 시에는 입대 전 정신과 진료결과 및 그린캠프 의견서 등이 추가될 수 있습니다.

※ 지휘관 확인서 포함사항: 부적합 사유(입대 전 특이사항, 인성검사 결과, 주요 관찰기록), 부모 고지 여부, 부대조치사항(보직변경, 병원진료, 징계, 휴가 등)

나. 긴급을 요하는 고위험군의 경우

군의관 진료기록(소견서, 진단서. 발급제한 시 진료내역서) 또는 병무청 지정병원에서 발행한 '병무용 진단서'와 병역관리심사대 관찰기록 생략 가능. 단, 사유서 제출해야 함.

> 【고위험군 선정기준】
>
> ① 단계별 인성검사에서 종합판정 결과 '정밀진단, 관심, 주의(자살위험척도)' 등이 나타난 인원 중, 병영생활전문상담관 상담 간 자살위험 평가에서 '높은 위험수준'으로 분류된 인원
> * 복무적합도 검사(입영부대), 군 생활적응검사(신병교육대), 적성적응도 검사(자대)
>
> ② 자살징후가 현저하게 나타난 인원
> * 입대 전 자살시도 경험자 중 전문상담관 상담 및 지휘관 면담 시 구체적인 자살계획을 언급하는 등 자살의도가 강한 자
> * 주변 동료·간부로부터 자살징후가 보고된 자 중에서 군 복무 적응이 제한되고 자살 촉발요인이 확인된 자
> * 군 복무간 자살시도 경험이 있는 자 중 복무 부적응 증상이 현저한 자
>
> ③ 정신적 장애, 분노조절 장애, 심각한 적응장애 등으로 군 복무에 부적합하여 적시 처리가 필요하다고 지휘관이 판단한 인원
>
> ④ 정신과 군의관(민간의사 포함)이 정신적 장애가 있다고 판단한 인원

다. 군 복무곤란 질환자

군 병원(사·여단 의무대 포함) 전문의 관찰 진단서(소견서)를 포함합니다.

현역부적합심사 절차

※ 육군 기준으로 설명합니다.

가. 소속부대

소속부대는 현역복무부적합자를 식별하여 현역복무 부적합자 보고서를 작성하여 사단·여단급 부대 현역부적합자조사위원회에 접수합니다.

나. 사단·여단급 부대의 현역복무부적합자조사위원회

사단·여단급 부대는 소속부대로부터 현역복무 부적합자 보고서를 접수하는 즉시 현역복무부적합자조사위원회를 개최하여 부적합 여부를 결정합니다. 이때, 정신질환 중상자와 군 복무적응 곤란자는 고위험군과 일반위험군으로 분류한 후 일반위험군은 병역심사관리대 입소를 군단사령부에 건의합니다. 병역심사관리대에서 일정 기간 군 복무부적응 정도를 관찰한 후 부적합으로 의결될 경우 전역심사위원회 회부를 군단사령부에 건의합니다. 고위험군은 병역심사관리대 입소를 생략하고 곧바로 전역심사위원회 회부를 군단사령부에 건의합니다. 현역복무부적으로 의결된 군 복무곤란 질환자도 곧바로 전역심사위원회 회부를 군단사령부에 건의합니다.

다. 군단사령부

군단사령부는 현역부적합자 보고를 받으면 병역심사관리대 입소자를 결정하여 전역심사위원회에 보고하고, 사단·여단에 통보합니다. 군 복무곤란 질환자의 경우 현역부적합자로 의결된 자는 곧바로 전역심사위원회에 보고합니다.

라. 육군본부 또는 작전사령부의 전역심사위원회

전역심사위원회는 군단으로부터 현역복무부적합자 보고를 받으면 병역심사관리대 입소자와 직접 회부자를 결정한 후 직접 회부자에 대하여는 즉시 심의·의결합니다. 군 복무곤란 질환자로서 현역복무부적합자로 의결된 자도 즉시 심의·의결합니다. 전역심사위원회는 부적합자 보고서 접수일로부터 14일 이내에 의결해야 합니다.

마. 전역명령 및 원대복귀명령

전역심사 결과 역종을 판정한 후 현역복무 부적합자로 결정된 자는 전역명령을 발령합니다. 전역심사 결과 계속 복무로 판단된 자는 사단 또는 군내에서 보직 및 근무환경을 조정하여 근무 분위기를 일신하고 군 복무에 소외되는 일이 없도록 합니다.

현역부적합자조사위원회와
전역심사위원회

가. 현역부적합자조사위원회

현역복무부적합자조사위원회는 병원급 부대와 편제상 장성급 이상 지휘부대에 설치하며, 위원회 구성 및 운영은 다음과 같습니다.

(가) 위원회 구성
1) 병원: 위원장을 포함하여 3~6인의 의무병과 장교로 구성됩니다.
2) 장성급 부대: 위원장은 참모장이 되며 일반·법무참모, 군사경찰대장, 의무대장, 부사관 대표 등 8인 이상으로 구성하되 법무, 군사경찰, 의무병과 장교가 편성되지 않은 부대는 인접부대에 위촉 의뢰하여 편성할 수 있습니다.
3) 육군 직할부대, 군사령부 직할부대: 위원장은 부대장이 되며, 일반참모, 법무장교, 군사경찰장교, 의무장교, 주임원사 등 8인으로 위원을 구성하되 법무, 군사경찰, 의무병과 장교가 편성되지 않은

부대는 인접부대에 위촉 의뢰하여 편성할 수 있습니다.

(나) 위원회 운영

조사위원회는 신속한 행정처리를 통한 지휘 부담을 감소하고 원활한 병원 운영을 위하여 수시 개최합니다. 위원회는 위원장을 포함한 2/3 이상 출석으로 개회하며, 출석위원의 과반수의 찬성으로 의결합니다.

나. 전역심사위원회

전역심사위원회는 육군본부 및 작전사령부에 설치하며, 위원회 구성은 다음 병원급 부대와 편제상 장성급 이상 지휘부대에 설치하며, 위원회 구성 및 운영은 다음과 같습니다.

(가) 위원회 구성
1) 위원장: 인사처장(육군본부: 인사행정처장)
2) 위원: 일반참모부 과장급 장교(2명), 인사행정과장, 군의, 군사경찰, 법무, 부사관 대표(주임원사 또는 선임부사관을 말한다), 정신과군의관, 병무청 관계자(2명 이내) 등(육군본부의 경우에는 상훈전역과장, 의무실·인사사령부 전투병과·법무실·군사경찰실 대령 각 1명, 부사관 대표(주임원사 또는 선임원사), 정신과 군의관, 병무청 관계자(2명 이내) 등으로 한다)

3) 부대운영상 위원회 편성이 제한될 시 해 부대장 승인하에 위원 임명을 조정하여 운영할 수 있다. 다만, 군의, 군사경찰, 법무, 부사관 대표 위원은 반드시 포함한다.

(나) 위원회 운영

전역심사위원회는 사유발생 시 수시 개최하여 부적합자 관리에 따른 지휘부담을 최소화한다. 위원회는 위원장을 포함한 재적위원 2/3 이상 출석으로 개최하고 출석위원 과반수 찬성으로 의결합니다. 위원회는 전역 의결자에 대해 별표 4의 기준에 따라 보충역 또는 전시근로역으로 병역을 처분하되, 출석위원 과반수의 찬성으로 의결합니다.

현역복무부적합 사유별 역종부여 기준

가. 정신질환 증상자: 전시근로역

(가) 군 입대 전 정신건강의학과에서 정신질환으로 과거 병력이 있으며, 현재 정신건강의학과에서 치료 중인 사람

(나) 군 입대 후 정신질환 병력이 있으며, 현재 정신건강의학과에서 치료 중인 사람

(다) 장병신체검사에서 정신질환으로 신체등급 3급을 받았으며, 군 입대 후 현재 정신건강의학과에서 치료 중인 사람

(라) 전역심사위원회에서 군 입대 전·후 정신질환 병력은 없으나 현재의 정신질환 증상이 전역 후 예비군훈련, 사회복무 등의 병역수행에 제한이 된다고 판단된 사람

나. 군 복무 적응곤란자

(가) 복무 부적응자: 전시근로역
* 정신질환 증상자에 해당되지는 않으나 아래의 각 호에 해당되는 내용이 확인되어 전역 후 예비군훈련, 사회복무 등의 병역수행이 제한된다고 판단되는 자
  - 입대 전·후 대인관계의 어려움이나 폭력성이 확인되었고, 이러한 사유 등으로 전문의 소견을 받은 사람(추가 서류: 범죄 수사경력 회보서, 학교생활지도기록부, 전문의 소견서)
  - 복무부적응 이외에 기분장애, 불안장애, 신경증적 증상으로 입대 전·후 치료기록이 있거나 정신질환 의증이 있다고 판단되는 자(군 복무가 불가한 정도의 중등도 판단)(추가 서류: 건강보험요양급여 내역 및 의무기록, 병역심사관리대 관찰 결과, 전문의 소견서)
  - 기타 예비군훈련, 사회복무 등의 병역수행이 제한된다고 위원회에서 판단한 자

(나) 복무 부적응자: 보충역
* 군 복무에는 부적합하나 전역 후 예비군훈련, 사회복무 등의 병역수행이 가능하다고 판단된 자

(다) 경계선 지능 및 지적 장애: 전시근로역
* 경계선 지능 및 지적 장애자로 전역 후 예비군훈련, 사회복무 등의

병역수행이 제한된다고 판단된 자

(라) 경계선 지능 및 지적 장애: 보충역
* 경계선 지능 및 지적 장애자로 진단을 받았으나, 전역 후 예비군훈련, 사회복무 등의 병역수행이 가능하다고 판단된 자

(마) 자살/자해 등 가능성: 전시근로역
* 상담결과 및 검사결과 자살·자해 등 위험성이 높다고 판단되는 자

(바) 자살/자해 등 가능성: 보충역
* 상담 및 검사 결과 자살·자해 등 위험성이 낮다고 판단되는 자

다. 그 밖의 군 복무 곤란 질환자

(가) 야맹, 야뇨, 간질환자: 보충역
* 야맹, 야뇨자

(나) 간질환자: 전시근로역

(다) 기타(동일 병명 3회 이상 후송자 등): 전시근로역
* 질환치료를 해도 호전 가능성이 낮아 전역 후 예비군훈련, 사회복

무 등의 병역수행이 제한된다고 판단된 자

(라) 기타(동일 병명 3회 이상 후송자 등): 보충역
* 질환치료를 하면 호전 가능성이 있어 전역 후 예비군훈련, 사회복무 등의 병역수행이 가능하다고 판단된 자

보충역으로 처분된 인원에 대한 행정조치

전역심사위원회 설치권 부대 및 사·여단은 보충역으로 처분된 인원에 대하여 주소지별 지방병무청과 관련 자료를 인계인수합니다. 지방병무청에 인계하여야 할 관련 자료는 다음 각 목과 같습니다.

가. 인사명령지

보충역 처분과 동시 인사명령 발령, 전자결재를 통해 보충역 처분자 거주지 지방병무청에 통보

나. 병적기록표

보충역 처분일 기준 실 복무기간 산정 등 최종 기록 마감 후 스캔하

여 전산으로 통보(군기교육 등 복무제외 표기)합니다.

다. 보충역 처분서류

　보충역 처분자의 현역복무부적합 심사의결서(부적합 사유, 병명 등), 인사명령 발령 후 즉시 인계(신속한 병역처분과 연계)

전시근로역으로 처분된 인원에 대한 행정조치

　전시근로역으로 처분된 인원에 대해서는 인사명령으로 전시근로역 전역을 명합니다. 소위 '의병전역'은 바로 이러한 전역을 말합니다. 의병전역하기까지 소요되는 기간은 현부심 대상으로 선정된 후 대략 3개월 정도입니다.

제7장

권리구제 제도

의견 건의제도
(군인복무기본법 제39조)

군대의 권리구제 제도는 장병들의 불편사항과 어려움을 해결하기 위한 공식적인 제도입니다.

(1) 군인은 군과 관련된 제도의 개선 등 군에 유익한 의견이나 복무와 관련된 정당한 의견이 있는 경우에는 지휘계통에 따라 단독으로 상관에게 건의할 수 있습니다(1항).

(2) 군인은 의견 건의를 이유로 불이익한 처분이나 대우를 받지 않습니다(2항).

(3) 의견 건의를 접수한 상관은 그 내용을 검토한 후 검토결과를 14일 이내에 건의한 당사자에게 서면이나 구술 등의 방법으로 통보하여야 합니다(3항).

(4) 건의를 접수한 상관은 건의사항이 병영생활전문상담관 또는 성고충전문상담관의 상담사항에 해당한다고 판단하는 경우 지체 없이 건의한 당사자가 해당 전문상담관의 상담을 받을 수 있도록 하여야 합니다(4항).

고충처리제도
(군인복무기본법 제40조)

(1) 군인은 근무여건이나 인사관리 및 신상문제 등에 관하여 군인고충심사위원회에 고충의 심사를 청구할 수 있습니다. 고충을 심사하기 위하여 국방부, 각 군 본부 및 장성급 지휘관이 지휘하는 부대에 군인고충심사위원회를 둡니다.

(2) 고충심사청구서에는 소속, 계급, 군번 및 성명, 고충심사 청구내용을 기재한 후 설치기관의 장에게 제출하여야 합니다. 청구서를 제출받은 설치기관의 장은 지체 없이 소속 고충심사위원회에 회부하여 해당 고충에 관한 사항을 심사하게 하여야 합니다. 고충심사위원회는 청구서 내용이 불충분하다고 인정될 때에는 청구서를 접수한 날부터 7일 이내의 기간을 정하여 청구인에게 보완을 요구할 수 있으며, 청구인은 그 기간 내에 청구서를 보완하여야 합니다.

■ 군인의 지위 및 복무에 관한 기본법 시행규칙 [별지 제1호서식]					
고충심사 청구서					
청구인	소속		계급		
	성명		군번		
	주소				
고충 내용 및 이유					

「군인의 지위 및 복무에 관한 기본법 시행령」 제26조제1항에 따라 위와 같이 고충심사를 청구합니다.

년 월 일

청 구 인   (서명 또는 인)

국방부장관   귀하
[( )참모총장 또는 부대장]

210mm×297mm[백상지 80g/㎡ 또는 중질지 80g/㎡]

(3) 고충심사위원회가 청구서를 접수하였을 때에는 30일 이내에 고충심사에 대한 결정을 하여야 합니다. 다만, 부득이하다고 인정되는 경우에는 설치기관의 장의 승인을 받아 30일의 범위에서 그

기간을 연장할 수 있습니다. 고충심사위원회는 필요한 경우 관계 부대 또는 기관의 장에게 필요한 자료의 제출을 요구할 수 있으며, 검정 및 감정을 의뢰하거나 관계관으로 하여금 사실조사를 하게 할 수 있습니다. 고충심사의 결정은 재적위원 3분의 2 이상의 출석과 출석위원 과반수의 찬성으로 의결합니다.

(4) 고충심사위원회는 고충심사 청구에 대한 결정을 하였을 때에는 결정서를 작성하고, 위원장과 출석위원이 서명하거나 날인하여야 합니다. 고충심사위원회는 결정서가 작성되면 지체 없이 설치기관의 장에게 보고하여야 합니다. 보고를 받은 설치기관의 장은 심사 결과를 청구인에게 통보하고, 해당 고충의 해소에 필요한 조치를 하여야 합니다. 고충심사위원회의 결정에 불복하는 청구인은 그 심사 결과를 통보받은 날부터 30일 이내에 소관 위원회에 재심을 청구할 수 있습니다. 이 경우 재심청구서에는 고충심사위원회의 고충심사 결정서 사본을 첨부하여야 합니다. 소관 위원회는 재심청구서를 접수한 날부터 30일 이내에 재심 결정을 하여야 합니다. 결정된 재심 청구사항에 대해서는 다시 심사를 청구할 수 없습니다.

(5) 군인은 고충심사청구를 이유로 불이익한 처분이나 대우를 받지 않습니다.

■ 군인의 지위 및 복무에 관한 기본법 시행규칙 [별지 제2호서식]			
고충심사 결정서			
청구인 성명			
고충 접수일			
심사 일자			
심사 장소			
고충 사유			
심사의결사항			
년 월 일 군인고충심사위원회			
위 원 장	계급:		성명:
위 원	계급:		성명:
위 원	계급:		성명:
위 원	계급:		성명:
위 원	계급:		성명:
210mm×297mm[백상지 80g/㎡ 또는 중질지 80g/㎡]			

3

전문상담관 제도
(군인복무기본법 제41조)

가. 전문상담관의 설치 요건

(가) 병영생활전문상담관

군인이 ① 군 생활에 따른 부적응에 관한 사항 ② 가족관계 및 개인 신상에 관한 사항 ③ 구타, 폭언, 가혹행위 및 집단 따돌림 등 군 내 기본권 침해에 관한 사항 ④ 질병·질환 및 건강 악화 등 신체에 관한 사항 ⑤ 장기복무 군인가족의 자녀교육 및 현지생활 부적응 등 사회복지에 관한 사항 ⑥ 그 밖에 군 생활로 인하여 발생하는 고충이나 어려움에 관한 사항으로 군 생활의 고충이나 어려움을 호소하는 경우에 이에 대한 상담 등을 하기 위하여 대령급 이상의 장교가 지휘하는 부대 또는 기관에 병영생활 전문상담관을 둡니다.

(나) 성고충전문상담관

성희롱, 성폭력, 성차별 등 성 관련 고충 상담을 전담하기 위하여 대령급 이상의 장교가 지휘하는 부대 또는 기관에 성고충전문상담관을 둡니다.

나. 전문상담관의 자격기준 등

전문상담관은 대통령령으로 정하는 심리상담 또는 사회복지 분야 관련 자격증을 소지하고 일정 기간 이상의 상담 경험이 있는 사람이나 대통령령으로 정하는 자격을 갖추고 일정 기간 이상의 군 복무 경력이 있는 사람 중에서 국방부장관이 임명합니다.

다. 상담

병영생활전문상담관과 성고충전문상담관은 군 생활 또는 개인 신상 문제 등으로 인하여 어려움을 겪고 있는 군인에 대하여 상담을 실시하고, 전문상담관이 배치되어 있는 부대 또는 기관의 장에게 피해자의 보호 등 필요한 조치를 요청할 수 있습니다. 조치를 요청받은 부대 또는 기관의 장은 조치계획 또는 결과를 3일 이내에 상담을 실시한 당사자에게 통보하여야 합니다.

군인권보호관 제도
(군인복무기본법 제42조)

가. 국가인권위원회 내 군인권보호관

군인의 기본권 보장 및 기본권 침해에 대한 권리구제를 위하여 국가인권위원회법에 따른 군인권보호관을 두도록 되어 있습니다.

나. 군인권보호관의 임명

군인권보호관은 대통령이 지명하는 상임위원이 겸직합니다. 군인권보호관은 군인권침해 예방 및 군인 등의 인권보호 관련 업무를 수행하게 하기 위하여 설치된 군인권보호위원회의 위원장이 됩니다.

다. 군인권침해 보고/신고 의무

군인은 병영생활에서 다른 군인이 구타, 폭언, 가혹행위 및 집단 따돌림 등 사적 제재를 하거나, 성추행 및 성폭력 행위를 한 사실을 알게 된 경우에는 즉시 상관에게 보고하거나 군인권보호관 또는 군 수사기관 등에 신고하여야 합니다.

라. 군인권보호위원회의 방문조사

군인권보호위원회는 필요하다고 인정하면 그 의결로써 군인권보호관, 위원 또는 소속 직원에게 군부대를 방문하여 조사하게 할 수 있습니다. 군인권보호관은 군부대 방문조사를 하려는 경우에는 해당 군부대의 장에게 그 취지, 일시, 장소 등을 미리 통지하여야 합니다. 다만, 긴급을 요하거나 미리 통지를 하면 목적 달성이 어렵다고 인정되어 국방부장관에게 사전에 통지하고 군인권보호관 또는 위원이 직접 방문조사하려는 경우에는 그러하지 아니합니다.

마. 신고자 등의 인적사항 비공개

누구든지 위와 같은 보고, 신고 또는 진정(이하 '신고등'이라 합니다)

을 한 사람이라는 사정을 알면서 그의 인적사항이나 그가 신고자임을 미루어 알 수 있는 사실을 다른 사람에게 알려 주거나 공개 또는 보도하여서는 아니됩니다. 다만, 신고자가 동의한 때에는 그러하지 아니합니다.

바. 불이익조치 금지

누구든지 신고등을 이유로 신고자에게 징계조치 등 어떠한 신분상 불이익이나 근무조건상의 차별대우(이하 '불이익 조치'라 합니다)를 하여서는 아니됩니다. 국방부장관은 신고자와 신고등의 내용에 대한 비밀을 보장하고 신고자가 신고등을 이유로 불이익조치를 받지 않도록 하여야 합니다. 국방부장관은 신고자가 신고등을 이유로 불이익조치를 받은 경우에는 원상회복 또는 시정을 위하여 필요한 조치를 취하여야 합니다.

5

비실명 대리신고 제도
(부패방지법, 공익신고보호법, 청탁금지법)

가. 국민권익위원회의 비실명 대리신고 제도

 군에서는 각종 비밀보호장치에도 불구하고 신분 유출이 우려되는 경우가 많습니다. 이러한 우려를 감안하여 신고자 비밀유출을 원천적으로 차단할 수 있는 제도가 '비실명 대리신고 제도'입니다. 비실명 대리신고는 국민권익위원회만 접수 가능합니다.

나. 변호사가 대리신고

 비실명 대리신고 제도는 신고자가 자신의 인적사항을 밝히지 않고 변호사로 하여금 신고를 대리하도록 할 수 있는 제도입니다.

다. 비실명 대리신고 대상 행위

비실명 대리신고 대상 행위는 ① 부피행위(복지·보조금 부정수급행위 포함) ② 공직자 행동강령 위반행위 ③ 공익침해행위 ④ 청탁금지법 위반·채용비리 등입니다. 공익침해행위 대상 법률은 공익신고보호법 별표에 열거되어 있는데 예컨대, 군형법이 대상 법률에 해당됩니다. 군형법 제62조는 직권을 남용하여 학대 또는 가혹한 행위를 한 사람을 처벌하도록 되어 있으므로 '선임병 가혹행위'도 비실명 대리신고를 할 수 있습니다.

라. 비실명 대리신고 절차

신고를 대리하는 변호사는 신고자를 대신하여 변호사 명의로 대리신고를 하고, 자료 제출이나 의견진술도 변호사가 대리하게 됩니다.

마. 비실명 대리신고 방법

대리신고를 하려는 변호사는 변호사의 이름으로 작성한 신고서, 증거자료와 함께 신고자의 인적사항, 신고자임을 증명할 수 있는 자료(주민등록증 사본 등) 및 위임장을 위원회에 제출하여야 합니다. 신고자의 인적사항, 신고자임을 입증할 수 있는 자료 및 위임장은 위원회에 봉인하여 제출하여야 하며, 위원회는 신고자 본인의 동의 없이 열람하지 못합니다.

바. 비실명 대리신고 자문변호사단

 국민권익위원회는 내부 신고자의 비실명 대리신고 활성화를 위하여 국민권익위원회가 수당을 지급하는 '비실명 대리신고 자문변호사단'을 운영하고 있습니다. 자문변호사 이외의 변호사를 통해 비실명 대리신고를 하더라도 신고자가 내부 신고자인 경우 자문변호사에 준하여 비용을 지원하고 있습니다. 다만, 신고자로부터 대리신고 관련 비용을 지급받으면 비용 지원이 불가합니다.

★ 부록: 군 관련 유용한 앱과 웹사이트 소개 ★

1. 병역의무 전(입대 준비)
- 병무청 홈페이지(www.mma.go.kr): 이병일자/부대조회, 병역판정검사 일정, 전자통지서 수령
- 더캠프(The Camp) 앱: 입대 훈련병에게 편지보내기, 부대 소식 보기
- 법무법인 한중 병역119센터(https://military119.co.kr/): 병역의무자의 입대 전 애로사항 해결 필수 웹사이트, 군복무안심패키지 서비스 제공

2. 복무 중(군인 생활)
- 국방부 나라사랑포털(https://www.narasarang.or.kr/): 복지시설 예약, 병사 휴가 관리, 포상 정보 등

3. 전역 후(예비역)
- 국가보훈부 홈페이지(www.mpva.go.kr): 상이군경, 유공자 등록 및 보상금 신청
- 예비군 홈페이지(www.yebigun1.mil.kr): 예비군 훈련 조회 및 신청, 예비군 훈련 불참/연기신청

4. 기타

- 나라사랑카드 앱(국민/신한카드)

아들이 군대를 갑니다

ⓒ 박경수, 2025

초판 1쇄 발행 2025년 8월 12일

지은이   박경수
펴낸이   이기봉
편집   좋은땅 편집팀
펴낸곳   도서출판 좋은땅
주소   서울특별시 마포구 양화로12길 26 지월드빌딩 (서교동 395-7)
전화   02)374-8616~7
팩스   02)374-8614
이메일   gworldbook@naver.com
홈페이지 www.g-world.co.kr

ISBN   979-11-388-4621-9 (03300)

- 가격은 뒤표지에 있습니다.
- 이 책은 저작권법에 의하여 보호를 받는 저작물이므로 무단 전재와 복제를 금합니다.
- 파본은 구입하신 서점에서 교환해 드립니다.